3-5

개념과 유형으로 익히는 **매스티안**

사고력 연산
EGG 에그

나눗셈 2

개념과 유형으로 익히는 **매스티안**

사고력 연산
EGG 에그

나눗셈 2

이 책에서는 나눗셈의 몫과 나머지의 의미를 바르게 이해하고, 값을 구하는 과정을 학습합니다. 내림이 없고 있는 (몇십 몇)÷(몇)과 나머지가 없고 있는 (몇십몇)÷(몇)을 차례로 익히고, 이를 바탕으로 한 (세 자리 수)÷(한 자리 수)의 학습을 통해 나누는 수가 한 자리 수인 나눗셈의 계산 원리를 이해하게 됩니다. 또한 나눗셈에는 똑같이 나누는 등분제와 같은 양이 몇 번 들어 있는지를 알아보는 포함제가 있다는 것을 이해하고 두 가지 상황을 모두 경험해 봄으로써 나눗셈이 필요한 상황에서 적절한 전략을 활용하여 문제를 해결할 수 있도록 합니다. 다양한 상황의 나눗셈 활동을 통해 나눗셈의 형식을 이해하고, 실생활과 관련된 상황을 통해 문제를 해결함으로써 수학의 필요성과 흥미를 높일 수 있습니다.

EGG의 학습법

① 먼저 상자 안의 설명을 잘 읽고, 수학적 개념과 계산 방법을 익혀요!

② 문제를 살펴보고 설명대로 천천히 풀다 보면 문제의 해결 방법을 알 수 있어요.

> 문제를 풀다 보면 종종 우리를 발견할 수 있어!

③ 여우와 당나귀가 보여 주는 설명이나 예시를 통해 계산 방법에 대한 중요한 정보도 얻을 수 있어요.

> 우리는 너희가 개념을 이해하고 문제를 푸는 데 도움이 되는 설명이나 풀이 방법을 보여 줄 거야.

④ 문제를 풀고 난 다음에는 잘 해결했는지 스스로 다시 한 번 꼼꼼하게 확인해요.

⑤ 자, 이제 한 뼘 더 자란 수학 실력으로 다음 문제에 도전해 보세요!

> 문제를 하나씩 해결해 가는 과정을 천천히 즐겨 보세요! 여러분은 분명 수학을 좋아하게 될 거예요.

EGG의 구성

	1단계	2단계	3단계
1	**10까지의 수 / 덧셈과 뺄셈** 10까지의 수 10까지의 수 모으기와 가르기 한 자리 수의 덧셈 한 자리 수의 뺄셈	**세 자리 수** 1000까지의 수 뛰어 세기 수 배열표 세 자리 수의 활용	**나눗셈 1** 똑같이 나누기 곱셈과 나눗셈의 관계 곱셈식으로 나눗셈의 몫 구하기 곱셈구구로 나눗셈의 몫 구하기
2	**20까지의 수 / 덧셈과 뺄셈** 20까지의 수 19까지의 수 모으기와 가르기 19까지의 덧셈 19까지의 뺄셈	**두 자리 수의 덧셈과 뺄셈** 받아올림/받아내림이 있는 (두 자리 수)+(한 자리 수) (두 자리 수)−(한 자리 수) (두 자리 수)+(두 자리 수) (두 자리 수)−(두 자리 수)	**곱셈 1** (몇십)×(몇) (두 자리 수)×(한 자리 수) 여러 가지 방법으로 계산하기 곱셈의 활용
3	**100까지의 수** 50까지의 수 100까지의 수 짝수와 홀수 수 배열표	**덧셈과 뺄셈의 활용** 덧셈과 뺄셈의 관계 덧셈과 뺄셈의 활용 □가 있는 덧셈과 뺄셈 세 수의 덧셈과 뺄셈	**분수와 소수의 기초** 분수 개념 이해하기 전체와 부분의 관계 소수 개념 이해하기 자연수와 소수 이해하기 진분수, 가분수, 대분수 이해하기
4	**덧셈과 뺄셈 1** 받아올림/받아내림이 없는 (두 자리 수)+(한 자리 수) (두 자리 수)+(두 자리 수) (두 자리 수)−(한 자리 수) (두 자리 수)−(두 자리 수)	**곱셈구구** 묶어 세기, 몇 배 알기 2, 5, 3, 6의 단 곱셈구구 4, 8, 7, 9의 단 곱셈구구 1의 단 곱셈구구, 0의 곱 곱셈구구의 활용	**곱셈 2** (세 자리 수)×(한 자리 수) (몇십)×(몇십) (몇십몇)×(몇십) (한 자리 수)×(두 자리 수) (두 자리 수)×(두 자리 수)
5	**덧셈과 뺄셈 2** 세 수의 덧셈과 뺄셈 10이 되는 더하기 10에서 빼기 10을 만들어 더하기 10을 이용한 모으기와 가르기	**네 자리 수** 네 자리 수의 이해 각 자리 숫자가 나타내는 값 뛰어 세기 네 자리 수의 크기 비교 네 자리 수의 활용	**나눗셈 2** (몇십)÷(몇) (몇십몇)÷(몇) (세 자리 수)÷(한 자리 수) 계산 결과가 맞는지 확인하기 나눗셈의 활용
6	**덧셈과 뺄셈 3** (몇)+(몇)=(십몇) (십몇)−(몇)=(몇) 덧셈과 뺄셈의 관계 덧셈과 뺄셈의 활용	**세 자리 수의 덧셈과 뺄셈** 받아올림이 없는/있는 (세 자리 수)+(세 자리 수) 받아내림이 없는/있는 (세 자리 수)−(세 자리 수)	**곱셈과 나눗셈** (세 자리 수)×(몇십) (세 자리 수)×(두 자리 수) (두 자리 수)÷(두 자리 수) (세 자리 수)÷(두 자리 수) 곱셈과 나눗셈의 활용

이 책의 내용 3-5

내림이 없는 (몇십)÷(몇)의 이해

1 선으로 이어서 똑같이 나누어 보세요.

1)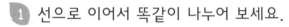

8		÷	4	=		**2**
8	0	÷	4	=		

색연필을 _____ 자루씩 가질 수 있어요.

2)

	6	÷	2	=	
6	0	÷	2	=	

빵을 _____ 개씩 가질 수 있어요.

2 그림을 보고 나눗셈의 몫을 구해 보세요.

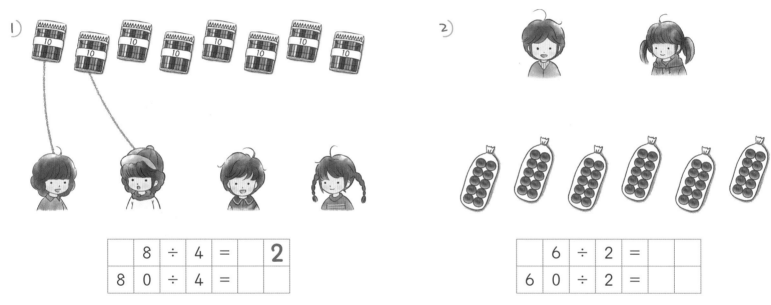

1) $8 \div 2 =$ ___ , $80 \div 2 =$ _____

2) $4 \div 4 =$ ___ , $40 \div 4 =$ _____

3) $6 \div 3 =$ ___ , $60 \div 3 =$ _____

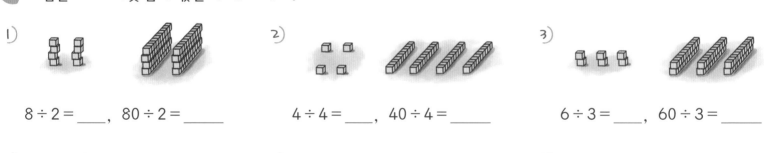

4) $5 \div 5 =$ ___ , $50 \div 5 =$ _____

5) $4 \div 2 =$ ___ , $40 \div 2 =$ _____

6) $9 \div 3 =$ ___ , $90 \div 3 =$ _____

③

1)
$8 \div 8 =$ _____
$80 \div 8 =$ _____

2)
$6 \div 2 =$ _____
$60 \div 2 =$ _____

3)
$8 \div 4 =$ _____
$80 \div 4 =$ _____

4)
$7 \div 7 =$ _____
$70 \div 7 =$ _____

5)
$4 \div 2 =$ _____
$40 \div 2 =$ _____

6)
$8 \div 2 =$ _____
$80 \div 2 =$ _____

7)
$6 \div 6 =$ _____
$60 \div 6 =$ _____

8)
$9 \div 3 =$ _____
$90 \div 3 =$ _____

④ 관계있는 식끼리 잇고 나눗셈의 몫을 구해 보세요.

$90 \div 9 =$ _____ $60 \div 3 =$ _____ $30 \div 3 =$ _____ $80 \div 4 =$ _____ $40 \div 2 =$ _____

$6 \div 3 =$ _____ $4 \div 2 =$ _____ $9 \div 9 =$ _____ $3 \div 3 =$ _____ $8 \div 4 =$ _____

⑤

1)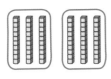
$60 \div 2 =$ _____

2)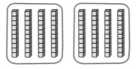
_____

3)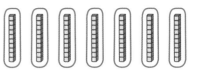
_____

4)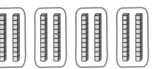
_____

5)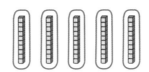
_____

6)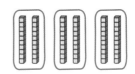
_____

⑥ 나눗셈식에 맞게 그림을 묶고 나눗셈의 몫을 구해 보세요.

1) $40 \div 4 =$ _____

2) $80 \div 2 =$ _____

3) $90 \div 3 =$ _____

내림이 없는 (몇십)÷(몇)

1 나눗셈식에 맞게 그림을 나누고 나눗셈의 몫을 구해 보세요.

1)
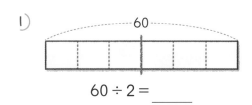

$60 \div 2 =$ _____

2)
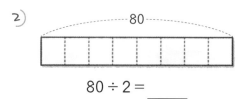

$80 \div 2 =$ _____

3)
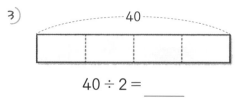

$40 \div 2 =$ _____

4)
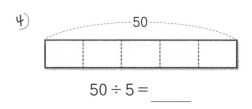

$50 \div 5 =$ _____

5)
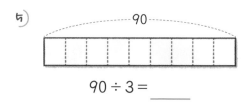

$90 \div 3 =$ _____

6)
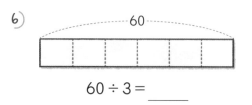

$60 \div 3 =$ _____

2 나눗셈의 몫에 ○표 하세요.

1) $80 \div 2$

80   40   20

2) $90 \div 3$

30   60   90

3) $30 \div 3$

30   20   10

4) $40 \div 2$

20   30   40

3 나눗셈의 몫을 찾아 선으로 이어 보세요.

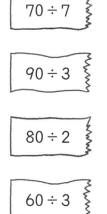

$70 \div 7$		20
$90 \div 3$		40
$80 \div 2$		10
$60 \div 3$		30

4 몫이 10인 식을 모두 찾아 ○표 하세요.

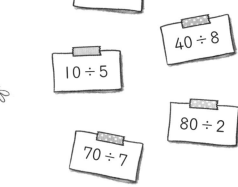
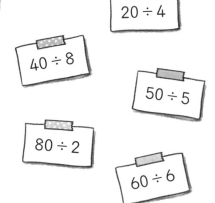

$30 \div 3$ $20 \div 4$ $40 \div 8$ $10 \div 5$ $50 \div 5$ $80 \div 2$ $70 \div 7$ $60 \div 6$

5 ○ 안의 수가 몫이 되는 식을 찾아 선으로 잇고 나눗셈식을 써 보세요.

1)
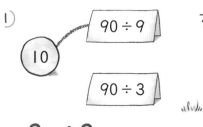

10    $90 \div 9$ $90 \div 3$

2)
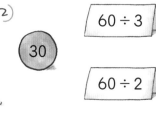

30    $60 \div 3$ $60 \div 2$

3)
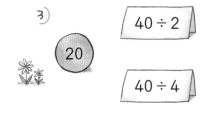

20    $40 \div 2$ $40 \div 4$

4)
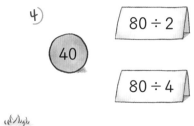

40    $80 \div 2$ $80 \div 4$

$90 \div 9 =$ _____

_____

_____

_____

6 알맞은 색으로 칠해 보세요.

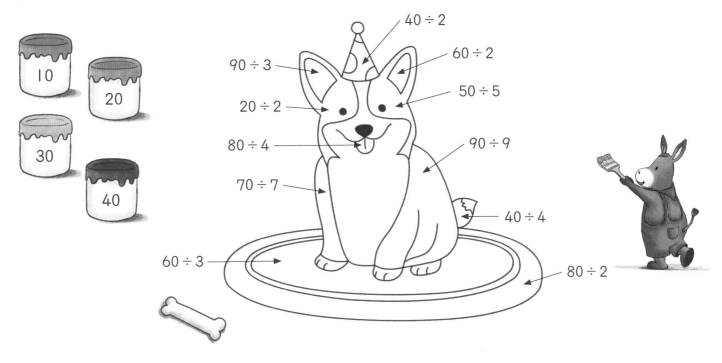

7 몫이 같은 식을 찾아 ☑표 하세요.

1)

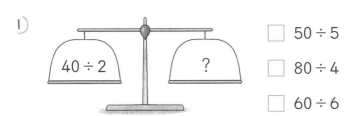

☐ 50 ÷ 5
☐ 80 ÷ 4
☐ 60 ÷ 6

2)

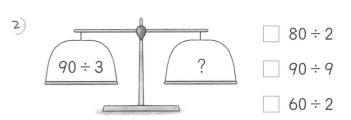

☐ 80 ÷ 2
☐ 90 ÷ 9
☐ 60 ÷ 2

8 몫이 같은 것끼리 같은 색으로 칠하고, 남은 하나에 ✕표 하세요.

| 80 ÷ 4 | 50 ÷ 5 | 60 ÷ 2 | 40 ÷ 4 | 80 ÷ 2 |

3÷1=3이니까
30÷1은……

| 90 ÷ 3 | 40 ÷ 2 | 90 ÷ 9 | 60 ÷ 3 | 30 ÷ 1 |

9 몫이 다른 하나를 찾아 ✕표 하세요.

1) 20 ÷ 2   60 ÷ 6   80 ÷ 4

2) 90 ÷ 3   60 ÷ 2   30 ÷ 3

3) 50 ÷ 5   40 ÷ 1   80 ÷ 2

4) 60 ÷ 3   20 ÷ 2   40 ÷ 2

내림이 없는 (몇십)÷(몇)

1 저울은 수가 더 큰 쪽으로 기울어져요. 기울어지는 쪽에 ○표 하세요.

1)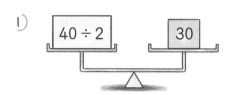
2)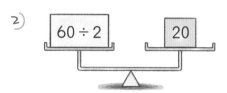
3)

4)
5)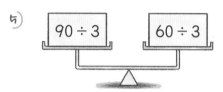
6)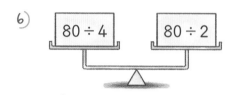

2 ○ 안에 >, =, <를 알맞게 써넣으세요.

1) 40÷2 ◯ 10
   60÷3 ◯ 20
   50÷5 ◯ 30

2) 40 ◯ 90÷3
   30 ◯ 20÷2
   20 ◯ 80÷4

3) 90÷9 ◯ 90÷3
   80÷4 ◯ 80÷2
   60÷2 ◯ 60÷3

3 몫이 가장 큰 식에 ○표, 가장 작은 식에 △표 하세요.

1) 80÷2 60÷2 50÷5 60÷3

2) 80÷4 90÷3 40÷2 70÷7

3) 20÷2 40÷2 60÷2 80÷2

4) 60÷3 60÷6 50÷1 80÷4

4 큰 수를 작은 수로 나눈 몫이 ⬭ 안의 수가 되도록 선으로 이어 보세요.

1)  20

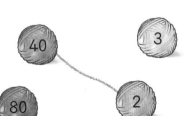

2)  30

3)  10

5 주어진 블록으로 ☐ 안의 모양을 몇 개 만들 수 있을까요?

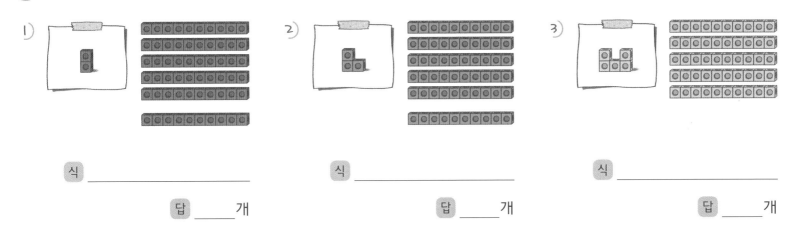

1)

식 _____

답 _____ 개

2)

식 _____

답 _____ 개

3)

식 _____

답 _____ 개

6 1) 연필 60자루를 연필꽂이 3개에 똑같이 나누어 꽂으면 연필꽂이 한 개에 몇 자루씩 꽂을 수 있을까요?

식 _____ 답 _____ 개

2) 음료수 80병을 한 명에게 2병씩 나누어 주면 몇 명에게 나누어 줄 수 있을까요?

식 _____ 답 _____ 명

7 다음과 같이 과일을 각각 봉지에 담아 팔고 있어요. 물음에 답하세요.

과일의 종류	한 봉지에 담긴 과일의 수(개)
사과	10
귤	20
자두	30
체리	40

1) 한 종류의 과일을 3봉지 샀더니 모두 90개였어요. 어떤 과일을 샀을까요?

식 _____ 답 _____

2) 한 종류의 과일을 4봉지 샀더니 모두 80개였어요. 어떤 과일을 샀을까요?

식 _____ 답 _____

8 나눗셈식에 맞는 내용을 찾아 ☑표 한 다음, 나눗셈의 몫이 무엇을 나타내는지 쓰고 답을 구해 보세요.

$$60 \div 2 = \underline{\quad}$$

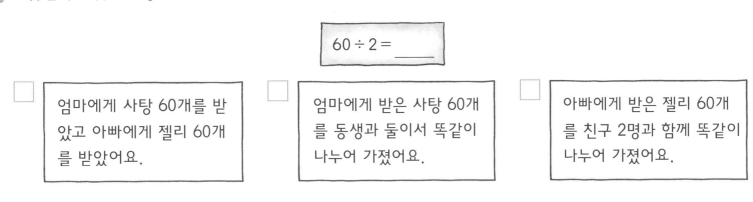

☐ 엄마에게 사탕 60개를 받았고 아빠에게 젤리 60개를 받았어요.

☐ 엄마에게 받은 사탕 60개를 동생과 둘이서 똑같이 나누어 가졌어요.

☐ 아빠에게 받은 젤리 60개를 친구 2명과 함께 똑같이 나누어 가졌어요.

답 _____

내림이 있는 (몇십)÷(몇)의 이해

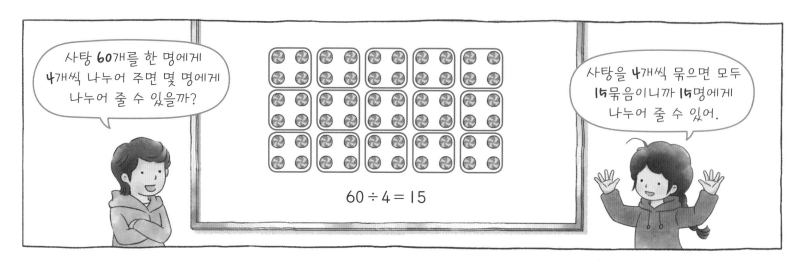

$$60 \div 4 = 15$$

---

1 식에 맞게 같은 수만큼씩 묶어서 나눗셈의 몫을 구해 보세요.

1) $70 \div 5 =$ _____

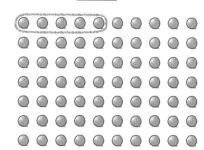

2) $50 \div 2 =$ _____

3) $90 \div 6 =$ _____

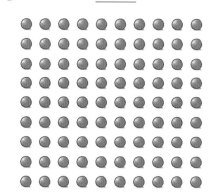

---

2 쌓기나무를 한 명이 5개씩 나누어 가진다면 몇 명이 가질 수 있을까요?

1)
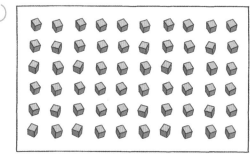

$60 \div 5 =$ _____

_____ 명

2)
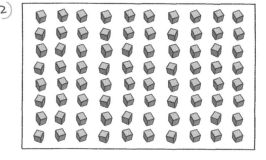

$80 \div 5 =$ _____

_____ 명

---

3 알맞게 표시하여 나눗셈의 몫을 구해 보세요.

1)
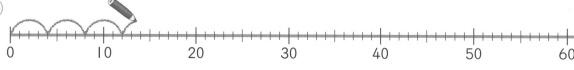

$60 \div 4 =$ _____

2)
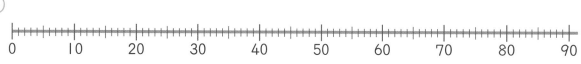

$90 \div 5 =$ _____

내림이 있는 (몇십)÷(몇)의 이해

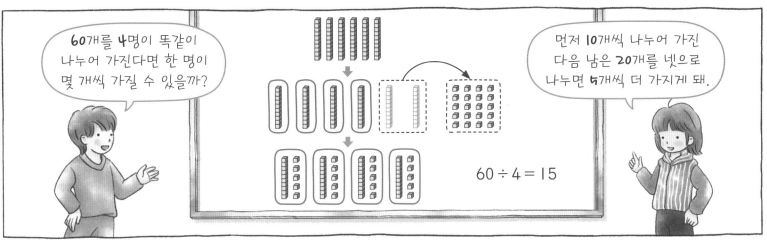

60개를 4명이 똑같이 나누어 가진다면 한 명이 몇 개씩 가질 수 있을까?

먼저 10개씩 나누어 가진 다음 남은 20개를 넷으로 나누면 5개씩 더 가지게 돼.

$60 \div 4 = 15$

1 그림을 보고 나눗셈의 몫을 구해 보세요.

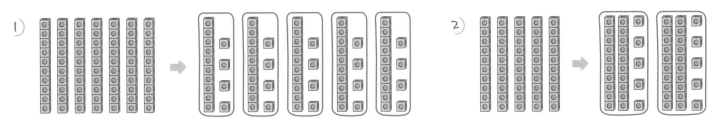

1) $70 \div 5 = $ _____

2) $50 \div 2 = $ _____

2 한 접시에 몇 개씩 나누어 담았나요? 나눗셈식으로 나타내어 보세요.

1) 젤리가 모두 30개 있어요.

$30 \div 2 = $

2) 체리가 모두 60개 있어요.

_____

3 1)

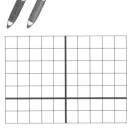

똑같이 나누어 색칠해 봐.

$70 \div 2 = $ _____

2)

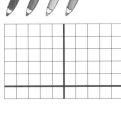

$60 \div 4 = $ _____

3)

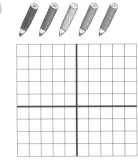

$90 \div 5 = $ _____

내림이 있는 (몇십)÷(몇)

1 |은 10, ·은 1을 나타내요. 똑같이 나누어 그려서 나눗셈을 해 보세요.

1)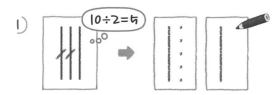

$$30 \div 2 = \underline{}$$

2)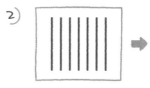

$$70 \div 5 = \underline{}$$

3)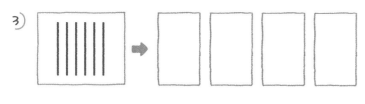

$$60 \div 4 = \underline{}$$

4)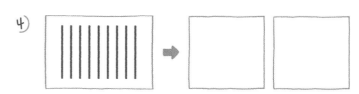

$$90 \div 2 = \underline{}$$

2 나눗셈을 해 보세요.

1)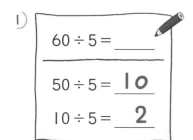
$$60 \div 5 = \underline{}$$
$$50 \div 5 = \underline{10}$$
$$10 \div 5 = \underline{2}$$

2)
$$90 \div 6 = \underline{}$$
$$60 \div 6 = \underline{}$$
$$30 \div 6 = \underline{}$$

3)
$$30 \div 2 = \underline{}$$
$$20 \div 2 = \underline{}$$
$$10 \div 2 = \underline{}$$

4)
$$50 \div 2 = \underline{}$$
$$40 \div 2 = \underline{}$$
$$10 \div 2 = \underline{}$$

3 관계있는 식끼리 같은 색으로 칠하고 나눗셈을 해 보세요.

$$80 \div 5 = \underline{}$$

$$70 \div 2 = \underline{}$$

$$60 \div 4 = \underline{}$$

$$40 \div 4 = \underline{}$$

$$60 \div 2 = \underline{}$$

$$20 \div 4 = \underline{}$$

$$50 \div 5 = \underline{}$$

$$10 \div 2 = \underline{}$$

$$30 \div 5 = \underline{}$$

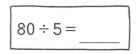

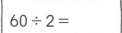
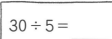

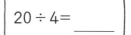

4 1)
$$20 \div 2 = \underline{}$$
$$30 \div 2 = \underline{}$$

2)
$$60 \div 6 = \underline{}$$
$$90 \div 6 = \underline{}$$

3)
$$40 \div 4 = \underline{}$$
$$60 \div 4 = \underline{}$$

4)
$$80 \div 2 = \underline{}$$
$$90 \div 2 = \underline{}$$

5 나눗셈의 몫이 같은 3개의 식을 찾아 ○표 하세요.

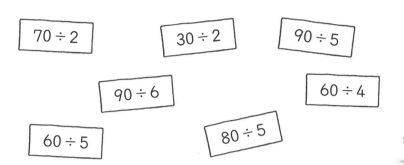

| 70 ÷ 2 | 30 ÷ 2 | 90 ÷ 5 |

| 90 ÷ 6 | | 60 ÷ 4 |

| 60 ÷ 5 | 80 ÷ 5 |

6 1)   2)

÷ 2 →	
30	
50	
70	
90	

÷ 5 →	
60	
70	
80	
90	

7 나눗셈의 몫을 따라가 도착하는 곳의 깃발에 ○표 하세요.

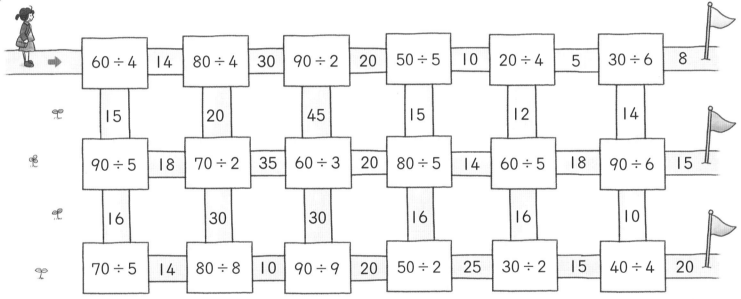

| 60 ÷ 4 | 14 | 80 ÷ 4 | 30 | 90 ÷ 2 | 20 | 50 ÷ 5 | 10 | 20 ÷ 4 | 5 | 30 ÷ 6 | 8 |

| 15 | 20 | 45 | 15 | 12 | 14 |

| 90 ÷ 5 | 18 | 70 ÷ 2 | 35 | 60 ÷ 3 | 20 | 80 ÷ 5 | 14 | 60 ÷ 5 | 18 | 90 ÷ 6 | 15 |

| 16 | 30 | 30 | 16 | 16 | 10 |

| 70 ÷ 5 | 14 | 80 ÷ 8 | 10 | 90 ÷ 9 | 20 | 50 ÷ 2 | 25 | 30 ÷ 2 | 15 | 40 ÷ 4 | 20 |

8 관계있는 것끼리 선으로 잇고 빈칸에 알맞은 수를 써넣으세요.

꽃 50송이를 2명이 똑같이 나누어 가졌어요.	70 ÷ 5 = _____	연필은 모두 _____명에게 나누어 주었어요.
사탕 70개를 한 상자에 5개씩 나누어 담았어요. 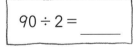	90 ÷ 2 = _____	사탕은 모두 _____상자에 나누어 담았어요.
도토리 60개를 다람쥐 4마리에게 똑같이 나누어 주었어요. 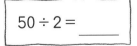	50 ÷ 2 = _____	다람쥐 한 마리가 받은 도토리는 _____개예요.
연필 90자루를 한 명에게 2자루씩 나누어 주었어요.	60 ÷ 4 = _____	한 명이 가진 꽃은 _____송이예요.

내림이 있는 (몇십)÷(몇)

1 ○ 안에 >, =, <를 알맞게 써넣으세요.

1) 70÷2 ◯ 30

50÷2 ◯ 35

80÷5 ◯ 20

2) 40 ◯ 90÷2

20 ◯ 60÷5

15 ◯ 90÷6

3) 40÷2 ◯ 90÷5

60÷4 ◯ 30÷2

70÷5 ◯ 70÷2

2 몫이 작은 것부터 차례대로 이어 보세요.

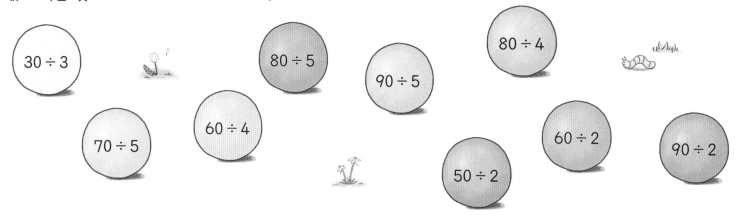

30÷3　80÷5　80÷4　90÷5　70÷5　60÷4　50÷2　60÷2　90÷2

3 만들 수 있는 나눗셈식을 모두 쓰고 계산해 보세요.

1) 60　80　÷　4　5

_____　_____

_____　_____

2) 90　70　÷　2　5

_____　_____

_____　_____

4 같은 색의 종이에 적힌 두 수로 (큰 수)÷(작은 수)의 몫을 구하여 같은 색의 빈 종이에 써 보세요.

60　90　5　4　50

80　5　5　60　2

2　6　70　90

내림이 있는 (몇십)÷(몇)

5 젤리 60개가 있어요. 친구들이 젤리를 똑같이 나누어 먹는다면 한 명이 몇 개씩 먹을 수 있을까요?

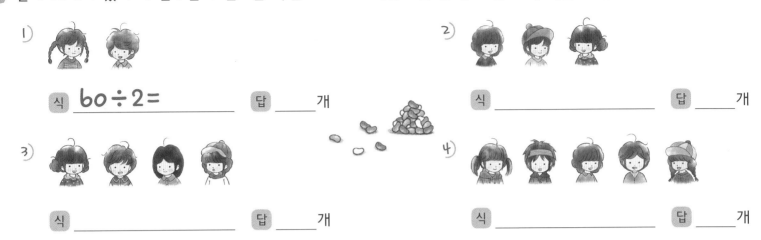

1) 식 60÷2= _____ 답 _____개

2) 식 _____ 답 _____개

3) 식 _____ 답 _____개

4) 식 _____ 답 _____개

6 과일을 바구니 5개에 똑같이 나누어 담으려고 해요. 바구니 한 개에 들어가는 과일의 수를 각각 구해 보세요.

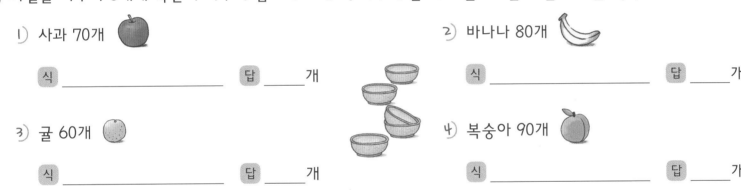

1) 사과 70개

식 _____ 답 _____개

2) 바나나 80개

식 _____ 답 _____개

3) 귤 60개

식 _____ 답 _____개

4) 복숭아 90개

식 _____ 답 _____개

7 1) 초콜릿 80개를 여학생 2명과 남학생 3명에게 똑같이 나누어 주려고 해요. 한 명에게 초콜릿을 몇 개씩 줄 수 있을까요?

식 _____ 답 _____개

2) 빨간 구슬 20개와 파란 구슬 30개가 있어요. 한 명에게 구슬을 2개씩 나누어 주면 몇 명에게 나누어 줄 수 있을까요?

식 _____ 답 _____명

8 가로로 한 줄에 놓인 ●의 수를 나눗셈식으로 나타내어 보세요.

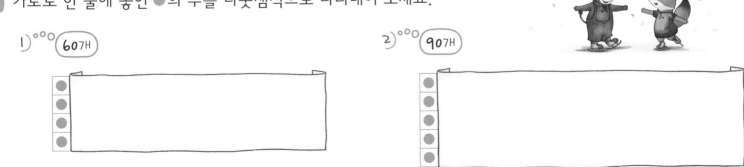

1) °°° (60개)

2) °°° (90개)

_____

_____

나머지가 없는 (몇십몇)÷(몇)의 이해

1 식에 맞게 같은 수만큼씩 묶어서 나눗셈의 몫을 구해 보세요.

1) $36 \div 3 =$ _____

2) $42 \div 2 =$ _____
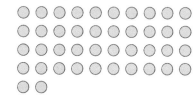

3) $55 \div 5 =$ _____
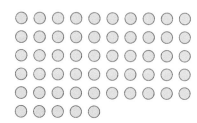

2 관계있는 것끼리 선으로 잇고 빈칸에 알맞은 수를 써넣으세요.

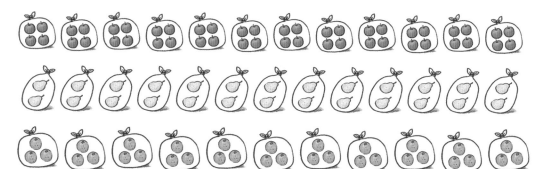

$33 \div 3 =$ _____

$48 \div 4 =$ _____

$26 \div 2 =$ _____

3 그림을 보고 나눗셈의 몫을 구해 보세요.

1)
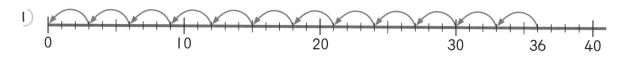

$36 \div 3 =$ _____

2)

$28 \div 2 =$ _____

4 그림을 보고 알맞은 나눗셈식을 써 보세요.

1)
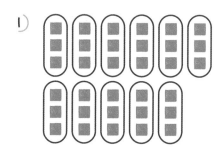

2)
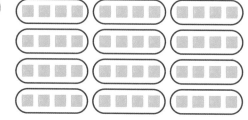

3)

$33 \div$ **3** $=$ _____

$48 \div$ ___ $=$ _____

$28 \div$ ___ $=$ _____

5 성냥개비로 주어진 도형을 몇 개 만들 수 있을까요? 나눗셈식으로 나타내어 보세요.

1) 사각형

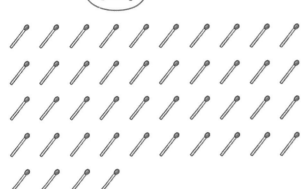

_____

2) 삼각형

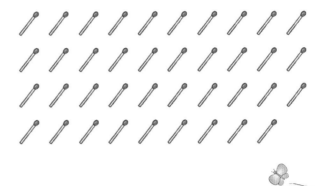

_____

6 그림을 보고 알맞은 나눗셈식을 써 보세요.

1)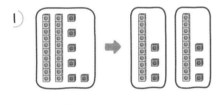

$26 ÷ \_\_\_ = \_\_\_\_$

2)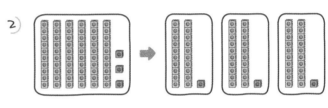

$63 ÷ \_\_\_ = \_\_\_\_$

3)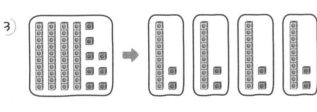

$48 ÷ \_\_\_ = \_\_\_\_$

4)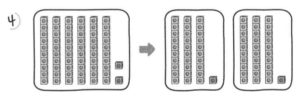

$62 ÷ \_\_\_ = \_\_\_\_$

7 똑같이 나누어 색칠하고 나눗셈의 몫을 구해 보세요.

1)

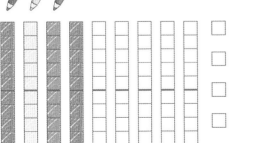

$96 ÷ 3 = \_\_\_\_$

2)

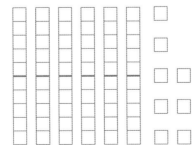

$68 ÷ 2 = \_\_\_\_$

3)

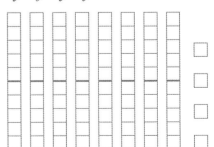

$84 ÷ 4 = \_\_\_\_$

나머지가 없는 (몇십몇)÷(몇)의 이해

말풍선:
- 30은 3으로 나눌 수 있어. 그리고 6이 남아.
- 6은 3으로 나눌 수 있어.
- 36÷3의 몫은 10+2로 구할 수 있어.

$$36 \div 3 = 12$$
$$30 \div 3 = 10$$
$$6 \div 3 = 2$$

1

1) $84 \div 2 = $ _____

8	0	÷	2	=	
	4	÷	2	=	
8	4	÷	2	=	

2) $63 \div 3 = $ _____

		÷		=	
		÷		=	
		÷		=	

3) $68 \div 2 = $ _____

		÷		=	
		÷		=	
		÷		=	

4) $44 \div 4 = $ _____

		÷		=	
		÷		=	
		÷		=	

5) $88 \div 4 = $ _____

		÷		=	
		÷		=	
		÷		=	

6) $93 \div 3 = $ _____

		÷		=	
		÷		=	
		÷		=	

2

1) $77 \div 7 = $ _____
$70 \div 7 = 10$
$7 \div 7 = 1$

2) $39 \div 3 = $ _____
$30 \div 3 = $ _____
$9 \div 3 = $ _____

3) $48 \div 4 = $ _____
$40 \div 4 = $ _____
$8 \div 4 = $ _____

4) $46 \div 2 = $ _____
$40 \div 2 = $ _____
$6 \div 2 = $ _____

3

$60 \div 3 = $ _____	$6 \div 3 = $ _____	$66 \div 3 = $ _____
$\quad \div 2 = $ _____	$4 \div \quad = $ _____	$24 \div 2 = $ _____
$80 \div 2 = $ _____	$6 \div 2 = $ _____	$\quad \div \quad = $ _____
$\quad \div 5 = $ _____	$\quad \div 5 = $ _____	$55 \div \quad = $ _____

말풍선: 같은 색 칸에 적힌 식들이 어떤 관계인지 확인해 봐.

나머지가 없는 (몇십몇)÷(몇)

나누어지는 수는 〉의 아래쪽, 나누는 수는 왼쪽, 몫은 위쪽에 써서 나눗셈식을 세로로 나타낼 수 있어.

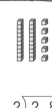 ➡ 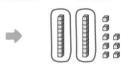 ➡

2)2 8 ➡ 2)2 8
2 0 ←2×10 ➡ 2)2 8 1 4
2 0
8
8 ←2×4
0

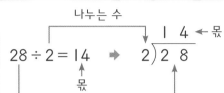

$$28 \div 2 = 14 \Rightarrow 2\overline{)2\ 8}$$ 1 4 ←몫

나누는 수 / 몫 / 나누어지는 수

---

1 |은 10, ·은 |을 나타내요. 똑같이 나누어 그려 넣고 나눗셈을 해 보세요.

1)

```
      1 □
  3 ) 3 9
      3 0
      ─────
        9
        □
      ─────
        0
```

39 ÷ 3 = _____

2)

```
      1 □
  4 ) 4 8
      4
      ───
        8
        □
      ───
        0
```

48 ÷ 4 = _____

---

2 빈칸에 알맞은 수를 써넣으세요.

1)
```
    1 □
2 ) 2 6
    2 0  ←2× ___
    □
    □   ←2× ___
    0
```

2)
```
    3 □
3 ) 9 6
    9 0  ←3× ___
    □
    □   ←3× ___
    0
```

3)
```
    □ □
4 ) 8 4
    □    ←4× ___
    □
    □   ←4× ___
    0
```

---

3 세로로 계산해 봐!

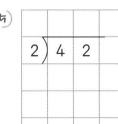

1)
```
    1
4 ) 4 4
    4
    ───
      4
```

2)
```
3 ) 6 9
```

3)
```
2 ) 8 8
```

4)
```
3 ) 3 6
```

5)
```
2 ) 4 2
```

나머지가 없는 (몇십몇)÷(몇)

1 잘못된 곳을 찾아 바르게 계산해 보세요.

1)

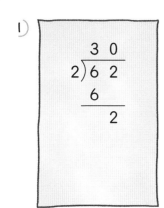

➡

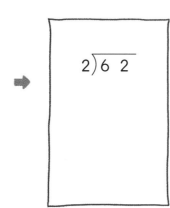

2)

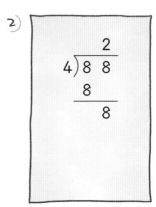

➡

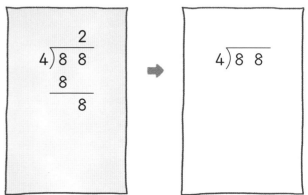

2 1) 93 ÷ 3 = _____

2) 55 ÷ 5 = _____

3) 66 ÷ 3 = _____

4) 64 ÷ 2 = _____

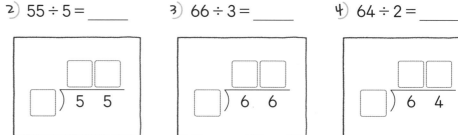

3 나눗셈의 몫을 찾아 ○표 하세요.

1) 96÷3 =	32	33	34

2) 84÷2 =	24	44	42

3) 44÷2 =	11	22	44

4) 48÷4 =	12	13	14

5) 33÷3 =	11	22	33

6) 28÷2 =	13	14	15

7) 99÷9 =	10	11	12

8) 88÷2 =	88	44	22

9) 63÷3 =	19	20	21

4 계산 결과를 찾아 차례대로 점을 이어 그림을 완성해 보세요.

1) 36 ÷ 3

2) 69 ÷ 3

3) 86 ÷ 2

4) 48 ÷ 2

5) 84 ÷ 4

6) 88 ÷ 4

7) 99 ÷ 3

8) 84 ÷ 2

9) 39 ÷ 3

10) 82 ÷ 2

11) 68 ÷ 2

12) 77 ÷ 7

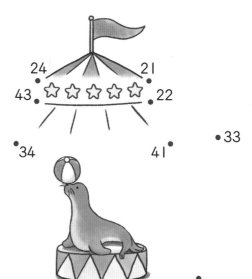

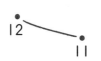

나머지가 없는 (몇십몇)÷(몇)

5

1) ÷ 3

93	
66	
36	

2) ÷ 2

28	
46	
88	

3) ÷ 4

48	
84	
44	

4) ÷ 3

69	
33	
99	

5) ÷ 2

22	
82	
68	

6 몫이 같은 것끼리 선으로 이어 보세요.

88 ÷ 8   42 ÷ 2   24 ÷ 2   66 ÷ 2   39 ÷ 3   96 ÷ 3

48 ÷ 4   55 ÷ 5   99 ÷ 3   26 ÷ 2   64 ÷ 2   63 ÷ 3

7 관계있는 것끼리 선으로 잇고 빈칸에 알맞은 수를 써넣으세요.

사탕 66개를 3명에게 똑같이 나누어 준다면 한 명이 몇 개씩 받을 수 있을까요?

66 ÷ 2 = _____

_____명에게 나누어 줄 수 있어요.

사탕 66개를 한 명에게 2개씩 나누어 준다면 몇 명에게 나누어 줄 수 있을까요?

66 ÷ 3 = _____

한 명이 _____개씩 받을 수 있어요.

8
1) 학생 84명을 4모둠으로 똑같이 나누려고 해요. 한 모둠은 몇 명씩 될까요?

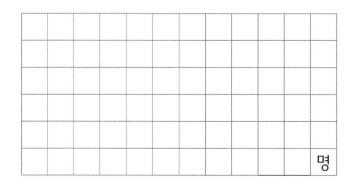

명

2) 쿠키 36개를 한 명에게 3개씩 나누어 주려고 해요. 쿠키를 몇 명에게 나누어 줄 수 있을까요?

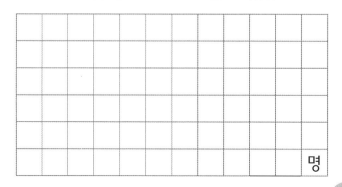

명

나머지가 없는 (몇십몇)÷(몇)

1 옳은 식에 ✓표 하고, 잘못된 식은 답을 바르게 고쳐 보세요.

1)
- ✓ 63÷3=21
- ☐ 55÷5=~~10~~ 11
- ☐ 62÷2=31
- ☐ 48÷4=11
- ☐ 66÷6=11
- ☐ 86÷2=43

2)
- ☐ 44÷2=20
- ☐ 93÷3=21
- ☐ 68÷2=34
- ☐ 96÷3=32
- ☐ 88÷4=21
- ☐ 24÷2=12

3)
- ☐ 69÷3=23
- ☐ 66÷2=32
- ☐ 36÷3=13
- ☐ 48÷2=24
- ☐ 77÷7=11
- ☐ 84÷4=20

2 몫이 다른 하나를 찾아 ×표 하세요.

1) 88÷8   66÷6   26÷2   99÷9

2) 84÷4   48÷2   63÷3   42÷2

3) 44÷2   39÷3   88÷4   66÷3

4) 77÷7   24÷2   48÷4   36÷3

3 사과 36개와 귤 33개가 있어요. 3명에게 똑같이 나누어 준다면 한 명에게 과일을 몇 개씩 줄 수 있는지 구해 보세요.

1) 한 명에게 줄 수 있는 사과와 귤은 각각 몇 개일까요?

 식 ＿＿＿＿＿＿＿ 답 ＿＿개   식 ＿＿＿＿＿＿＿ 답 ＿＿개

2) 한 명에게 줄 수 있는 과일은 모두 몇 개일까요?

식 ＿＿＿＿＿＿＿ 답 ＿＿개

3) 한 명에게 줄 수 있는 과일의 수를 또 다른 방법으로 구해 보세요.

식 ＿＿＿＿＿＿＿＿＿＿＿＿＿ 답 ＿＿개

4 1) 콩 주머니 48개를 남학생 2명과 여학생 2명에게 똑같이 나누어 주려고 해요. 한 명에게 줄 수 있는 콩 주머니는 몇 개일까요?

 식 ＿＿＿＿＿＿＿ 답 ＿＿개

2) 노란색 단추 20개와 파란색 단추 19개가 있어요. 단추를 한 명에게 3개씩 나누어 주면 몇 명에게 줄 수 있을까요?

식 ＿＿＿＿＿＿＿ 답 ＿＿명

5 몫의 크기를 비교하여 ○ 안에 >, =, <를 알맞게 써넣으세요.

1) 84÷2 ◯ 93÷3

2) 44÷4 ◯ 36÷3

3) 88÷8 ◯ 22÷2

4) 44÷2 ◯ 69÷3

5) 42÷2 ◯ 84÷4

6) 28÷2 ◯ 55÷5

6 친구들이 좋아하는 수를 나눗셈식으로 나타내고 좋아하는 수가 가장 큰 수인 친구에 ○표, 가장 작은 수인 친구에 △표 하세요.

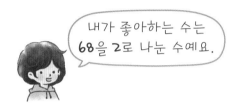

내가 좋아하는 수는 68을 2로 나눈 수예요.

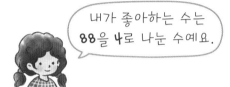

내가 좋아하는 수는 88을 4로 나눈 수예요.

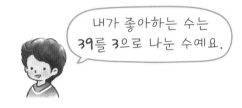

내가 좋아하는 수는 39를 3으로 나눈 수예요.

_____

_____

_____

내가 좋아하는 수는 77을 7로 나눈 수예요.

내가 좋아하는 수는 96을 3으로 나눈 수예요.

_____

_____

7 나눗셈의 몫이 작은 것부터 차례대로 이어 보세요.

99÷9

63÷3

26÷2

36÷3

44÷2

69÷3

84÷2

8 몫이 20보다 작은 것은 연두색, 20보다 큰 것은 분홍색으로 칠해 보세요.

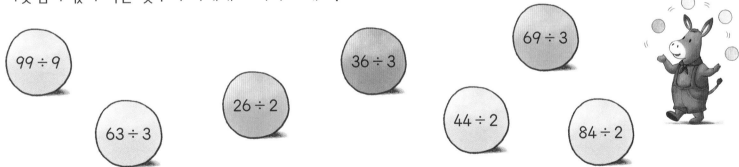

24÷2

82÷2

64÷2

93÷3

88÷4

46÷2

28÷2

39÷3

66÷6

48÷4

나머지가 없는 (몇십몇)÷(몇)

1 규칙을 찾아 빈칸에 알맞은 수를 써넣고 물음에 답하세요.

1)
$$30 \div 3 = \underline{}$$
$$33 \div 3 = \underline{}$$
$$36 \div \underline{} = \underline{}$$
$$\underline{} \div \underline{} = \underline{}$$

2)
$$28 \div 2 = \underline{}$$
$$26 \div 2 = \underline{}$$
$$24 \div \underline{} = \underline{}$$
$$\underline{} \div \underline{} = \underline{}$$

3)
$$11 \div 1 = \underline{}$$
$$22 \div 2 = \underline{}$$
$$33 \div \underline{} = \underline{}$$
$$\underline{} \div \underline{} = \underline{}$$

4)
$$48 \div 4 = \underline{}$$
$$36 \div 3 = \underline{}$$
$$24 \div \underline{} = \underline{}$$
$$\underline{} \div \underline{} = \underline{}$$

5) 1)~4) 중에서 어느 것을 설명하고 있나요? 그때 몫은 어떻게 되는지 써 보세요.

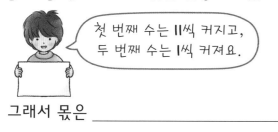
첫 번째 수는 11씩 커지고, 두 번째 수는 1씩 커져요.

그래서 몫은 _____.

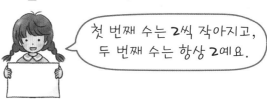
첫 번째 수는 2씩 작아지고, 두 번째 수는 항상 2예요.

그래서 몫은 _____.

2 관계있는 것끼리 선으로 잇고 계산을 해 보세요.

1)
$$66 \div 3 = \underline{}$$
$$69 \div 3 = \underline{}$$
$$63 \div 3 = \underline{}$$
$$64 \div 2 = \underline{}$$
$$48 \div 4 = \underline{}$$
$$66 \div 2 = \underline{}$$
$$44 \div 4 = \underline{}$$
$$68 \div 2 = \underline{}$$
$$40 \div 4 = \underline{}$$

3개씩 선으로 이어 봐.

2)
$$44 \div 2 = \underline{}$$
$$12 \div 1 = \underline{}$$
$$24 \div 2 = \underline{}$$
$$66 \div 3 = \underline{}$$
$$36 \div 3 = \underline{}$$
$$88 \div 4 = \underline{}$$
$$63 \div 3 = \underline{}$$
$$84 \div 4 = \underline{}$$
$$42 \div 2 = \underline{}$$

3 규칙을 찾아 빈칸에 알맞은 수를 써넣으세요.

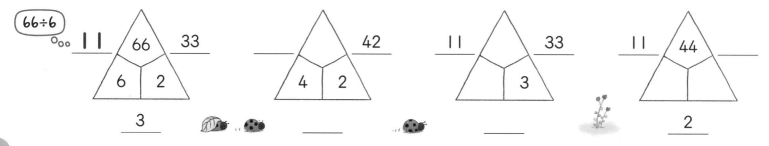

66÷6

11 66 33
  6   2
    3

    42
  4 2

11   33
    3

11 44
    2

24

4 주어진 숫자 카드를 사용하여 옳은 식을 각각 완성해 보세요.

1) 4 6 2 8

□□ ÷ □ = 24

□□ ÷ □ = 43

2) 3 6 9 6

□□ ÷ □ = 22

□□ ÷ □ = 32

3) 9 3 6 3

□□ ÷ □ = 12

□□ ÷ □ = 31

4) 8 4 2 8

□□ ÷ □ = 22

□□ ÷ □ = 42

5 큰 수를 작은 수로 나눈 몫이 같도록 둘씩 짝짓고, 세로로 계산해 보세요.

1) 48 39 3 2 26

3)3 9

2) 63 84 4 3 42

6 같은 모양은 같은 숫자를 나타내요. 각 모양에 알맞은 숫자를 구하여 나눗셈의 몫을 구해 보세요.

1) ★★ ÷ 8 = 11
▲▲ ÷ 4 = 11

★ ___, ▲ ___
↓
▲★ ÷ 4 = ___

2) ♥♥ ÷ 2 = 33
♦♣ ÷ 4 = 21

♥ ___, ♦ ___, ♣ ___
↓
♥♣ ÷ 2 = ___

3) ■★ ÷ 2 = 32
🍃🍃 ÷ 9 = 11

■ ___, ★ ___, 🍃 ___
↓
■🍃 ÷ 3 = ___

내림이 있고 나머지가 없는 (몇십몇)÷(몇)의 이해

1 1) ➡

 그림을 보고 나눗셈의 몫을 구해 봐.

34 ÷ 2 = _____

2) ➡

45 ÷ 3 = _____

2 똑같이 3묶음으로 나누면 한 묶음은 몇 개일까요?

1)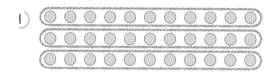

33 ÷ 3 = _____

2)

36 ÷ 3 = _____

3)

54 ÷ 3 = _____

4)

48 ÷ 3 = _____

3 관계있는 것끼리 선으로 잇고 빈칸에 알맞은 수를 써넣으세요.

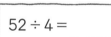 52 ÷ 4 = _____

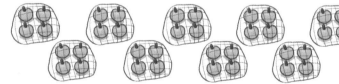 

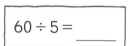 60 ÷ 5 = _____

42 ÷ 3 = _____

4 그림을 보고 나눗셈식으로 나타내어 보세요.

1)

 _____ ÷ _____ = _____

2)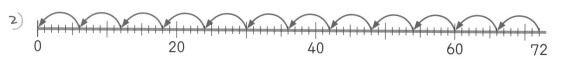

 _____ ÷ _____ = _____

여러 가지 방법으로 계산하기

먼저 **30**을 **3**으로 나누면 **15**가 남아.

15도 **3**으로 나눌 수 있어.

45÷3의 몫은 **10+5**로 구할 수 있어.

$45 \div 3 = 15$
$30 \div 3 = 10$
$15 \div 3 = 5$

1) 1)

$48 \div 3 =$ _____

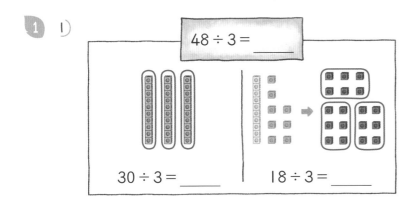

$30 \div 3 =$ _____ | $18 \div 3 =$ _____

2)

$56 \div 4 =$ _____

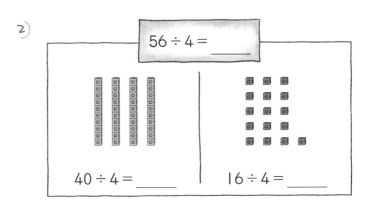

$40 \div 4 =$ _____ | $16 \div 4 =$ _____

2)

$\div 6$ →	
12	
36	
18	
24	
60	

1)
$72 \div 6 =$ _____
$60 \div 6 =$ _____
$12 \div 6 =$ _____

2)
$96 \div 6 =$ _____
$60 \div =$ _____
$36 \div =$ _____

3)
$78 \div 6 =$ _____
$60 \div =$ _____
$18 \div =$ _____

4)
$84 \div 6 =$ _____
$60 \div =$ _____
$24 \div =$ _____

5)
$66 \div 6 =$ _____
$60 \div =$ _____
$6 \div =$ _____

6)
$90 \div 6 =$ _____
$60 \div =$ _____
$30 \div =$ _____

3) 관계있는 식끼리 같은 색으로 칠하고 나눗셈을 해 보세요.

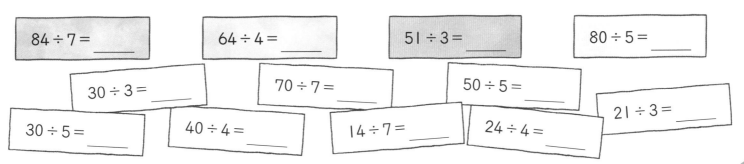

$84 \div 7 =$ _____ $64 \div 4 =$ _____ $51 \div 3 =$ _____ $80 \div 5 =$ _____

$30 \div 3 =$ _____ $70 \div 7 =$ _____ $50 \div 5 =$ _____

$30 \div 5 =$ _____ $40 \div 4 =$ _____ $14 \div 7 =$ _____ $24 \div 4 =$ _____ $21 \div 3 =$ _____

여러 가지 방법으로 계산하기

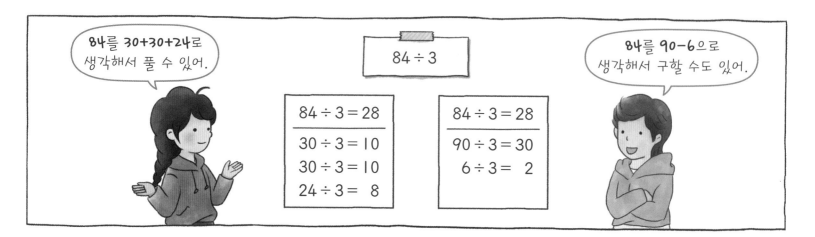

84를 30+30+24로 생각해서 풀 수 있어.

84 ÷ 3

$$84 ÷ 3 = 28$$
$$30 ÷ 3 = 10$$
$$30 ÷ 3 = 10$$
$$24 ÷ 3 = 8$$

$$84 ÷ 3 = 28$$
$$90 ÷ 3 = 30$$
$$6 ÷ 3 = 2$$

84를 90-6으로 생각해서 구할 수도 있어.

1 주어진 방법으로 계산해 보세요.

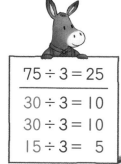

$$75 ÷ 3 = 25$$
$$30 ÷ 3 = 10$$
$$30 ÷ 3 = 10$$
$$15 ÷ 3 = 5$$

l)
$$92 ÷ 4 = $$
$$40 ÷ 4 = $$
$$40 ÷ 4 = $$
$$ ÷ 4 = $$

2)
$$81 ÷ 3 = $$
$$ ÷ 3 = $$
$$ ÷ 3 = $$
$$ ÷ 3 = $$

3)
$$52 ÷ 2 = $$
$$ ÷ = $$
$$ ÷ = $$
$$ ÷ = $$

2 주어진 방법으로 계산해 보세요.

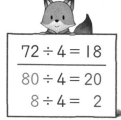

$$72 ÷ 4 = 18$$
$$80 ÷ 4 = 20$$
$$8 ÷ 4 = 2$$

l)
$$56 ÷ 2 = $$
$$60 ÷ 2 = $$
$$ ÷ 2 = $$

2)
$$87 ÷ 3 = $$
$$ ÷ 3 = $$
$$ ÷ 3 = $$

3)
$$76 ÷ 4 = $$
$$ ÷ = $$
$$ ÷ = $$

3 관계있는 것끼리 선으로 잇고 나눗셈을 해 보세요.

$$54 ÷ 2 = $$

$$96 ÷ 4 = $$

$$78 ÷ 3 = $$

$$92 ÷ 2 = $$

$$80 ÷ 2 = $$

$$40 ÷ 2 = 20$$

$$80 ÷ 4 = $$

$$60 ÷ 3 = $$

$$16 ÷ 4 = $$

$$18 ÷ 3 = $$

$$14 ÷ 2 = 7$$

$$12 ÷ 2 = $$

54를 40+14로 생각해서 계산할 수 있어.

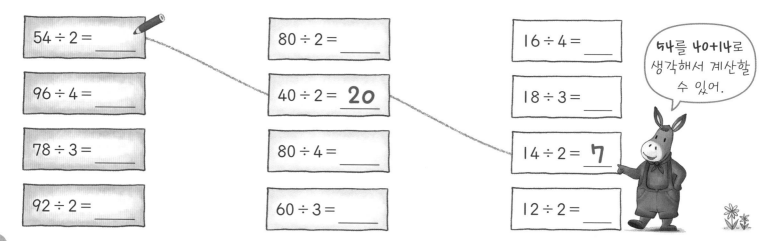

4

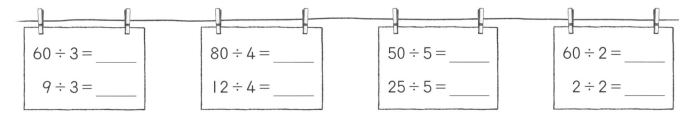

| 60 ÷ 3 = _____ |
| 9 ÷ 3 = _____ |

| 80 ÷ 4 = _____ |
| 12 ÷ 4 = _____ |

| 50 ÷ 5 = _____ |
| 25 ÷ 5 = _____ |

| 60 ÷ 2 = _____ |
| 2 ÷ 2 = _____ |

1) 51 ÷ 3 = _____   2) 92 ÷ 4 = _____   3) 75 ÷ 5 = _____   4) 58 ÷ 2 = _____

6	0	÷	3	=	
	9	÷	3	=	
5	1	÷	3	=	

8	0	÷	4	=	
		÷		=	
		÷		=	

	÷	=
	÷	=
	÷	=

	÷	=
	÷	=
	÷	=

5 안에 알맞은 숫자를 써넣으세요.

1)
| 5 4 ÷ ✿ = ✿✿ |
| 3 0 ÷ ✿ = 1 0 |
| ✿✿ ÷ ✿ = ✿ |

2)
| 7 2 ÷ ✿ = ✿✿ |
| ✿✿ ÷ 2 = 4 0 |
| ✿ ÷ 2 = ✿ |

3)
| ✿ 6 ÷ 6 = ✿✿ |
| 6 0 ÷ ✿ = ✿✿ |
| ✿✿ ÷ ✿ = 6 |

6 바르게 계산한 것을 모두 찾아 ☑표 하고, 잘못된 것은 바르게 계산해 보세요.

☐
| 74 ÷ 2 = 37 |
| 60 ÷ 2 = 30 |
| 14 ÷ 2 = 7 |

☐
| 52 ÷ 4 = 18 |
| 40 ÷ 4 = 10 |
| 12 ÷ 4 = 8 |

☐
| 57 ÷ 3 = 21 |
| 60 ÷ 3 = 20 |
| 3 ÷ 3 = 1 |

☐
| 36 ÷ 2 = 18 |
| 40 ÷ 2 = 20 |
| 4 ÷ 2 = 2 |

7 두 가지 방법으로 나눗셈을 해 보세요.

1)   81 ÷ 3 = _____

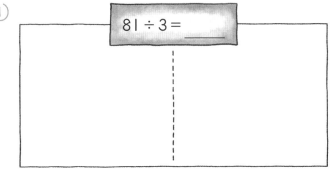

2)   76 ÷ 2 = _____

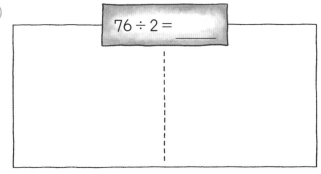

내림이 있는 (몇십몇) ÷ (몇)

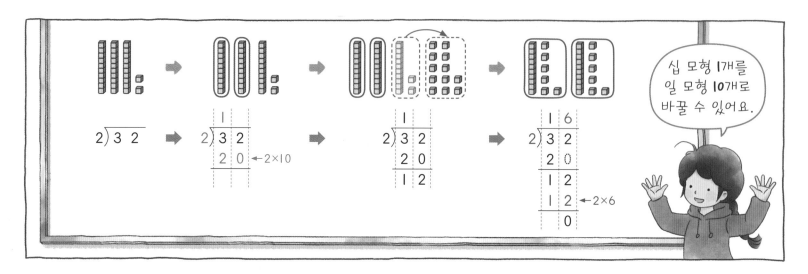

십 모형 1개를 일 모형 10개로 바꿀 수 있어요.

1 그림을 보고 빈칸에 알맞은 수를 써넣으세요.

1)

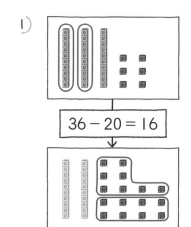

36 − 20 = 16

$2\overline{)3\ 6}$
$\square\ 0$
————
$1\ 6$
$\square\ \square$
————
0

2)

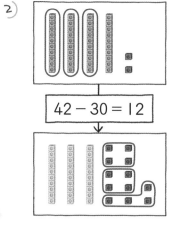

42 − 30 = 12

$3\overline{)4\ 2}$
$\square\ 0$
————
$\square\ \square$
$\square\ \square$
————
$\square$

2 1)

$3\overline{)5\ 7}$
$\square\ 0\ \leftarrow 3\times\underline{\quad}$
————
$2\ \square$
$\square\ \square\ \leftarrow 3\times\underline{\quad}$
————
0

2)

$4\overline{)9\ 6}$
$\square\ 0\ \leftarrow 4\times\underline{\quad}$
————
$1\ \square$
$\square\ \square\ \leftarrow 4\times\underline{\quad}$
————
0

3)

$7\overline{)9\ 8}$
$\square\ 0\ \leftarrow 7\times\underline{\quad}$
————
$2\ \square$
$\square\ \square\ \leftarrow 7\times\underline{\quad}$
————
0

3 세로로 계산해 봐.

1)

	2	
2)	5	2
	4	
	1	**2**

2)

5)	8	5

3)

4)	6	4

4)

6)	9	6

내림이 있는 (몇십몇)÷(몇)

4 1) 54 ÷ 2 = _____

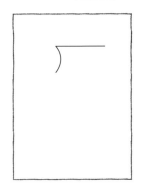
나누어지는 수는
⌐의 아래쪽,
나누는 수는 왼쪽에 써서
세로로 계산해 봐.

$$2 \overline{)54}$$

2) 75 ÷ 5 = _____

$$\overline{)}$$

3) 91 ÷ 7 = _____

$$\overline{)}$$

5 잘못된 곳을 찾아 바르게 계산해 보세요.

1)
```
    4 6
2 ) 7 2
    8
  ─────
    1 2
    1 2
  ─────
      0
```
➡
```
2 ) 7 2
```

2)
```
    1 1
5 ) 6 5
    5
  ─────
      5
      5
  ─────
      0
```
➡
```
5 ) 6 5
```

3)
```
    2 8
3 ) 8 7
    6
  ─────
    2 7
    2 4
  ─────
      3
```
➡
```
3 ) 8 7
```

6  ☐ 안에 알맞은 숫자를 써넣어 봐.

1)
	2	
3)		8
	1	8
	1	8
		0

2)
		9
5)	9	5
	4	5
		0

3)
	3	7
)	7	
	6	
		4
		4
		0

4)
	2	3
4)		
	8	
	1	2
		0

5)
	4	
2)		
	8	
	1	2
		0

7
| 5 | 6 | ÷ | 4 | = | 1 | 4 |

4×1=4 ··· 4 ··· 5÷4=1···1

1 6

4×4=16 ··· 1 6 ··· 16÷4=4

0

1)
| 8 | 4 | ÷ | 7 | = | | |

2)
| 8 | 1 | ÷ | 3 | = | | |

세로셈으로 바꾸지 않고
바로 계산할 수도 있어.

내림이 있는 (몇십몇)÷(몇)

1 나눗셈의 몫을 찾아 같은 색으로 칠해 보세요.

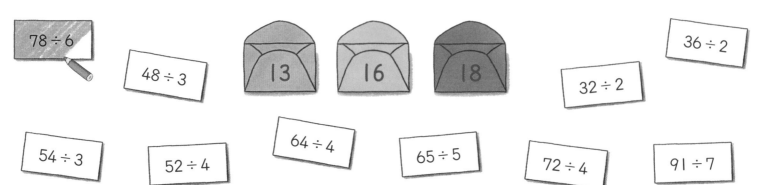

78÷6 48÷3 13 16 18 36÷2 32÷2

54÷3 52÷4 64÷4 65÷5 72÷4 91÷7

2 1) 색종이 75장을 3명에게 똑같이 나누어 주려고 해요. 한 명에게 몇 장씩 줄 수 있을까요?

식 ＿＿＿＿＿＿＿＿＿＿ 답 ＿＿＿장

2) 딸기 98개를 한 접시에 7개씩 담으려고 해요. 접시는 몇 개가 필요할까요?

식 ＿＿＿＿＿＿＿＿＿＿ 답 ＿＿＿개

3 주어진 식에 맞는 내용을 찾아 ☑표 하고 계산해 보세요.

1) $34 \div 2 =$ ＿＿＿

☐ 사탕 34개 중에서 2개를 먹었어요.

☐ 줄넘기를 하루에 34개씩 2일 동안 했어요.

☐ 색종이 34장을 2명이 똑같이 나누어 가졌어요.

2) $95 \div 5 =$ ＿＿＿

☐ 기차에 95명의 승객이 있었는데 5명이 더 탔어요.

☐ 95명의 학생이 5명씩 한 모둠이 되어 배를 탔어요.

☐ 젤리 95개 중에서 5개를 먹었어요.

4

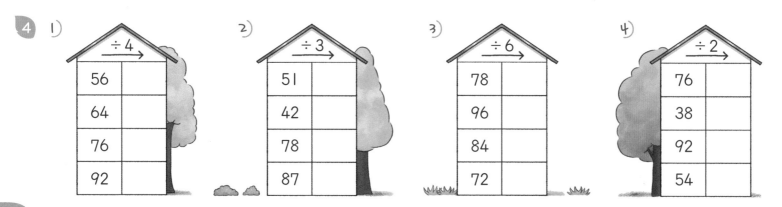

1) ÷4

56	
64	
76	
92	

2) ÷3

51	
42	
78	
87	

3) ÷6

78	
96	
84	
72	

4) ÷2

76	
38	
92	
54	

5 몫이 같은 것끼리 선으로 이어 보세요.

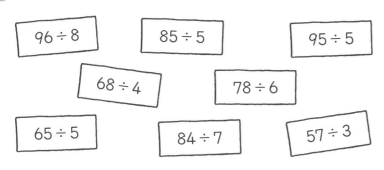

96 ÷ 8	85 ÷ 5	95 ÷ 5
68 ÷ 4	78 ÷ 6
65 ÷ 5	84 ÷ 7	57 ÷ 3

6 몫이 다른 하나를 찾아 ○표 하세요.

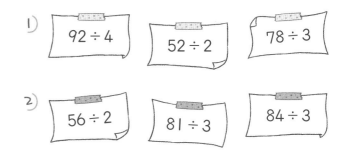

1) 92 ÷ 4 52 ÷ 2 78 ÷ 3

2) 56 ÷ 2 81 ÷ 3 84 ÷ 3

7 만들 수 있는 나눗셈식을 모두 쓰고 계산해 보세요.

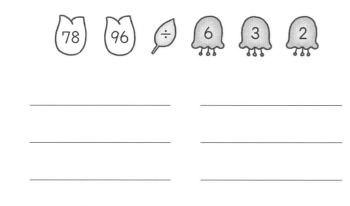

78 96 ÷ 6 3 2

_____   _____

_____   _____

8 한 봉지에 25개씩 들어 있는 쿠키가 3봉지 있어요. 쿠키를 5명이 똑같이 나누어 먹는다면 한 명이 몇 개씩 먹을 수 있을까요?

_____개

9 알맞은 식 2개를 찾아 선으로 잇고 문제를 해결해 보세요.

1) 한 봉지에 24개씩 들어 있는 빵이 3봉지 있어요. 한 명에게 2개씩 나누어 주면 모두 몇 명에게 나누어 줄 수 있을까요?

_____명

2) 한 상자에 36개씩 들어 있는 귤이 2상자 있어요. 3명이 똑같이 나누어 가지면 한 명이 몇 개씩 가질 수 있을까요?

_____개

3) 버스 2대에 24명씩 타고 있어요. 과자를 3명당 1봉지씩 나누어 주려면 과자는 모두 몇 봉지가 필요할까요?

_____봉지

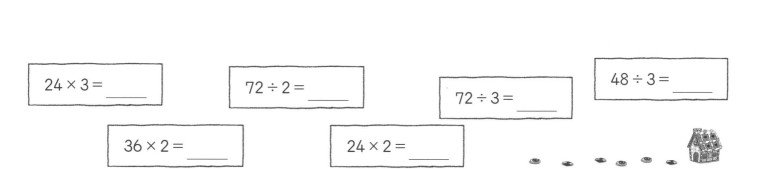

| 24 × 3 = _____ | 72 ÷ 2 = _____ | 72 ÷ 3 = _____ | 48 ÷ 3 = _____ |
| 36 × 2 = _____ | 24 × 2 = _____ |

내림이 있는 (몇십몇)÷(몇)

1 1) 34 ÷ 2 ◯ 20

84 ÷ 3 ◯ 30

96 ÷ 4 ◯ 24

75 ÷ 5 ◯ 13

2) 15 ◯ 96 ÷ 8

20 ◯ 87 ÷ 3

15 ◯ 52 ÷ 4

30 ◯ 72 ÷ 2

3) 54 ÷ 3 ◯ 80 ÷ 5

56 ÷ 4 ◯ 98 ÷ 7

92 ÷ 4 ◯ 52 ÷ 2

65 ÷ 5 ◯ 84 ÷ 7

2

72 ÷ 6 = _____

78 ÷ 6 = _____

84 ÷ 6 = _____

51 ÷ 3 = _____

48 ÷ 3 = _____

45 ÷ 3 = _____

22 ÷ 2 = _____

44 ÷ 2 = _____

88 ÷ 2 = _____

66 ÷ 6 = _____

66 ÷ 3 = _____

66 ÷ 2 = _____

72 ÷ 3 = _____

72 ÷ 4 = _____

72 ÷ 6 = _____

3 규칙을 찾아 빈칸에 알맞은 수를 써넣고 물음에 답하세요.

1)
55 ÷ 5 = _____
65 ÷ 5 = _____
75 ÷ 5 = _____
85 ÷ ___ = _____
___ ÷ ___ = _____

2)
84 ÷ 3 = _____
81 ÷ 3 = _____
78 ÷ 3 = _____
75 ÷ ___ = _____
___ ÷ ___ = _____

3)
39 ÷ 3 = _____
52 ÷ 4 = _____
65 ÷ 5 = _____
78 ÷ ___ = _____
___ ÷ ___ = _____

4)
24 ÷ 2 = _____
39 ÷ 3 = _____
56 ÷ 4 = _____
75 ÷ ___ = _____
___ ÷ ___ = _____

5) 1) ~ 4) 중에서 어느 것을 설명하고 있는지 찾아 ☐ 안에 쓰고, 빈칸에 알맞은 말을 써넣으세요.

첫 번째 수는 **3**씩 작아지고, 두 번째 수는 항상 **3**이에요.

그래서 몫은

_____ .

6) 규칙에 맞게 나눗셈식을 완성하고 빈칸에 알맞은 수나 말을 써 보세요.

56 ÷ 4 = _____
___ ÷ ___ = _____
___ ÷ ___ = _____
___ ÷ ___ = _____
___ ÷ ___ = _____

"첫 번째 수는 **8**씩 커지고, 두 번째 수는 항상 **4**예요. 그래서 몫은

___ 씩 _____ ."

4 수 카드 3장을 골라 옳은 식을 만들어 보세요.

1) | 11 | 3 | 48 | 16 |

$$48 \div \underline{} = \underline{}$$

2) | 27 | 3 | 81 | 7 |

$$\underline{} \div \underline{} = \underline{}$$

3) | 4 | 72 | 6 | 18 |

$$\underline{} \div \underline{} = \underline{}$$

4) | 13 | 9 | 7 | 91 |

$$\underline{} \div \underline{} = \underline{}$$

5 수 카드 4장을 골라 2개의 식을 완성해 보세요.

1) | 95 | 5 | 6 | 4 | 68 |

$$\underline{} \div \underline{} = 19$$
$$\underline{} \div \underline{} = 17$$

2) | 84 | 3 | 4 | 64 | 6 |

$$\underline{} \div \underline{} = 14$$
$$\underline{} \div \underline{} = 16$$

3) | 72 | 2 | 78 | 36 | 6 |

$$\underline{} \div \underline{} = 13$$
$$\underline{} \div \underline{} = 18$$

6 숫자 하나를 지워서 옳은 식을 만들어 보세요.

1) $57 \div 3\cancel{4} = 19$

➡ $57 \div 3 =$

2) $825 \div 5 = 17$

➡ _____

3) $96 \div 2 = 348$

➡ _____

7 숫자 카드 3장을 골라 조건에 맞는 (두 자리 수)÷(한 자리 수)의 나눗셈식을 만들고 계산해 보세요.

| 2 | 3 | 4 |
| 5 | 6 | 7 |

1) 몫이 가장 큰 식

$$\boxed{}\,\boxed{} \div \boxed{} = \underline{}$$

2) 몫이 가장 작은 식

$$\boxed{}\,\boxed{} \div \boxed{} = \underline{}$$

8 주어진 단어를 사용하여 식에 맞는 문제를 만들고, 답을 구해 보세요.

1)  (사과)

문제

답 _____

2)  (지우개)

문제

답 _____

나머지가 있는 (몇십몇)÷(몇)의 이해

1 사탕을 접시에 똑같이 나누어 담으려고 해요. ○를 그려서 똑같이 나누어 보고 빈칸에 알맞은 수를 써넣으세요.

1)

한 접시에 ___개씩 담을 수 있고,

___개가 남아요.

$14 ÷ 3 = $ ___ $\cdots$ ___

2)

한 접시에 ___개씩 담을 수 있고,

___개가 남아요.

$13 ÷ 4 = $ ___ $\cdots$ ___

2 쿠키를 4명이 똑같이 나누어 가진다면 한 명이 몇 개씩 가질 수 있고, 몇 개가 남을까요?

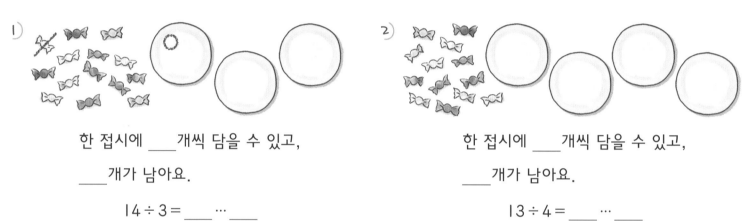

1)

$14 ÷ 4 = $ ___ $\cdots$ ___

한 명이 ___개씩 가질 수 있고,

___개가 남아요.

2)

___ $÷$ ___ $=$ ___ $\cdots$ ___

한 명이 ___개씩 가질 수 있고,

___개가 남아요.

3)

___ $÷$ ___ $=$ ___ $\cdots$ ___

한 명이 ___개씩 가질 수 있고,

___개가 남아요.

3

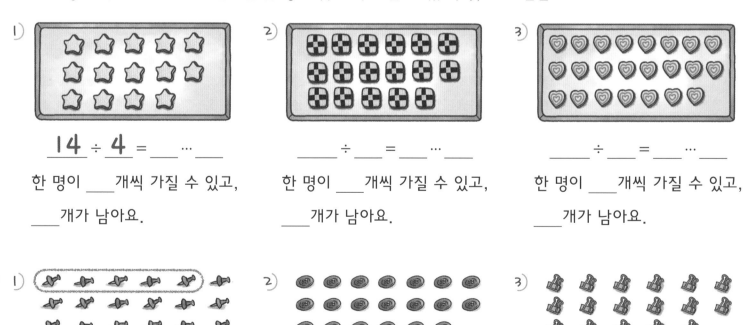

1)

$23 ÷ 5 = $ ___ $\cdots$ ___

2)

$20 ÷ 6 = $ ___ $\cdots$ ___

3)

$17 ÷ 2 = $ ___ $\cdots$ ___

4 빈칸에 알맞은 수 또는 말을 써넣으세요.

1)
$20 \div 8 = 2 \cdots 4$

20을 8로 나누면 ＿＿은
2이고, 4가 남아요.

이때 4는 ＿＿＿＿＿＿ 예요.

2)
$37 \div 7 = 5 \cdots 2$

37을 7로 나누면
몫은 ＿＿ 이고,
나머지는 ＿＿ 예요.

3)
$55 \div 6 = 9 \cdots 1$

55를 6으로 나누면
몫은 ＿＿ 이고,
나머지는 ＿＿ 이에요.

5 빵 15개를 친구들이 똑같이 나누어 가진다면 한 명이 몇 개씩 먹을 수 있고, 몇 개가 남을까요?

나머지가 없으면
나머지가 0이라고
말할 수 있어.
나머지가 0일 때,
'나누어떨어진다'고 해.

2명	$15 \div 2 = 7 \cdots 1$	➡	한 명이 ＿＿개씩 먹을 수 있고, ＿＿개가 남아요.
3명	$15 \div 3 = $ ＿＿＿＿	➡	한 명이 ＿＿개씩 먹을 수 있고, ＿＿개가 남아요.
4명	$15 \div 4 = $ ＿＿＿＿	➡	한 명이 ＿＿개씩 먹을 수 있고, ＿＿개가 남아요.
5명	$15 \div 5 = $ ＿＿＿＿	➡	한 명이 ＿＿개씩 먹을 수 있고, ＿＿개가 남아요.
6명	$15 \div 6 = $ ＿＿＿＿	➡	한 명이 ＿＿개씩 먹을 수 있고, ＿＿개가 남아요.

6 식에 맞게 그림을 묶어서 계산을 하고, 나누어떨어지는 것에 ☑표 하세요.

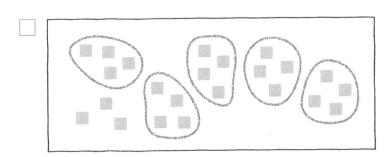

$23 \div 4 = $ ＿＿＿＿＿

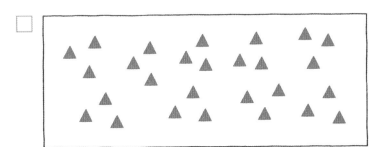

$27 \div 3 = $ ＿＿＿＿＿

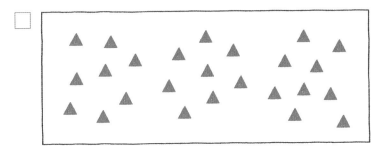

$25 \div 8 = $ ＿＿＿＿＿

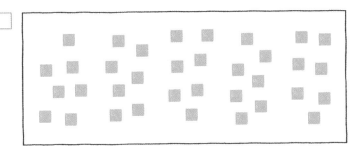

$35 \div 7 = $ ＿＿＿＿＿

나머지가 있는 (몇십몇)÷(몇)

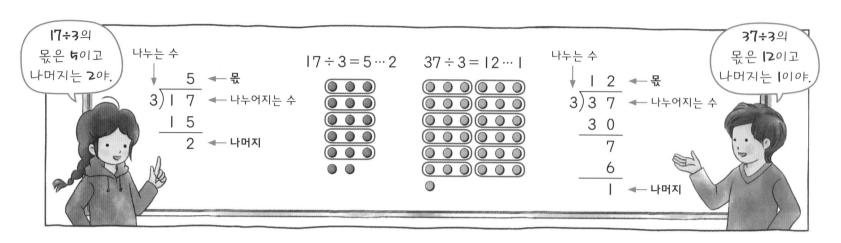

$$17 \div 3 = 5 \cdots 2 \qquad 37 \div 3 = 12 \cdots 1$$

1 1)
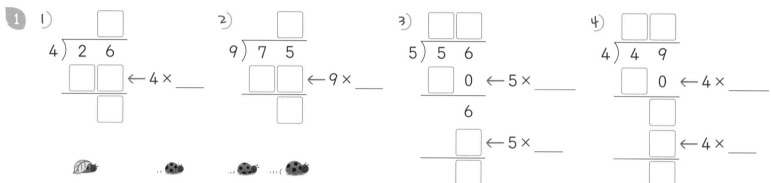

2 1)
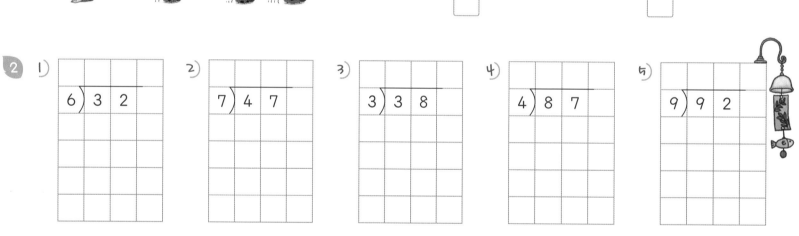

3 세로로 계산해 보세요.

1) $62 \div 8 =$ _____ ⋯ _____
2) $26 \div 7 =$ _____ ⋯ _____
3) $83 \div 2 =$ _____ ⋯ _____
4) $35 \div 3 =$ _____ ⋯ _____

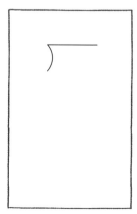
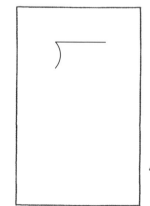

4 잘못된 곳을 찾아 바르게 계산해 보세요.

1)

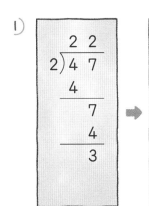

➡

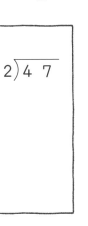

2)

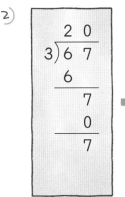

➡

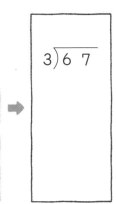

3)

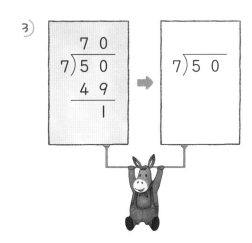

28÷4= **7**

35÷7=____

12÷6=____

40÷5=____

5 1) 29÷4= **7···1**

2) 36÷7=____

3) 13÷6=____

4) 41÷5=____

30÷4=____

38÷7=____

15÷6=____

42÷5=____

31÷4=____

40÷7=____

17÷6=____

44÷5=____

6

나눗셈식	몫	나머지
71÷9	4	3
59÷5	21	8
29÷6	7	6
41÷7	11	5
87÷4	5	4

나눗셈의 몫과 나머지를 찾아 선으로 이어 봐.

7 1)

÷6 →		나머지
47		
69		
28		
56		

2)

÷5 →		나머지
26		
35		
49		
58		

3)

÷8 →		나머지
45		
79		
56		
83		

나머지가 있는 (몇십몇)÷(몇)

1 나눗셈의 몫과 나머지를 찾아 같은 색으로 칠해 보세요.

13÷2 26÷7 31÷4 43÷9 46÷2 38÷3

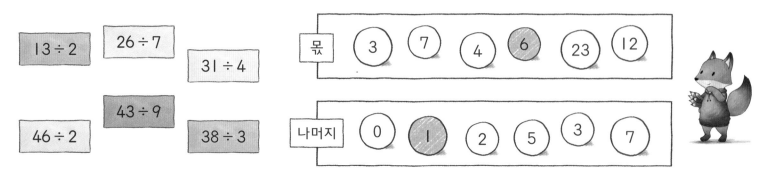

| 몫 | 3 | 7 | 4 | 6 | 23 | 12 |

| 나머지 | 0 | 1 | 2 | 5 | 3 | 7 |

2 🖥 안의 수를 2, 3, 4, 5로 각각 나누어 보세요.

1) 16

16 ÷ 2 =

2) 26

3
1)

÷	48	42	25
4	12		
5		8…2	
6			

2)

÷	15	63	64
3			
7			
8			

4 관계있는 것끼리 선으로 잇고 빈칸에 알맞은 수를 써넣으세요.

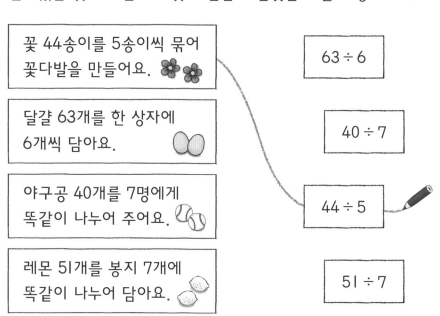

꽃 44송이를 5송이씩 묶어 꽃다발을 만들어요.

달걀 63개를 한 상자에 6개씩 담아요.

야구공 40개를 7명에게 똑같이 나누어 주어요.

레몬 51개를 봉지 7개에 똑같이 나누어 담아요.

63÷6

40÷7

44÷5

51÷7

한 명에게 ___ 개씩 줄 수 있고, ___ 개가 남아요.

한 봉지에 ___ 개씩 담을 수 있고, ___ 개가 남아요.

꽃다발을 ___ 개 만들 수 있고, ___ 송이가 남아요.

달걀을 ___ 상자 담을 수 있고, ___ 개가 남아요.

5 나눗셈의 나머지를 찾아 알맞은 글자를 써 보세요.

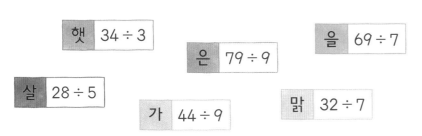

햇	34 ÷ 3

은	79 ÷ 9

을	69 ÷ 7

살	28 ÷ 5

가	44 ÷ 9

닭	32 ÷ 7

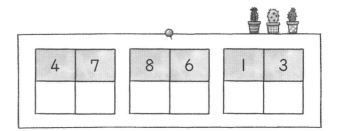

4	7	8	6	1	3

6 나머지가 3인 식을 모두 찾아 색칠해 보세요.

18 ÷ 5
25 ÷ 8
87 ÷ 4
33 ÷ 6
58 ÷ 5
25 ÷ 7
30 ÷ 9
20 ÷ 7
49 ÷ 4

7 나머지가 같은 것끼리 이어 보세요.

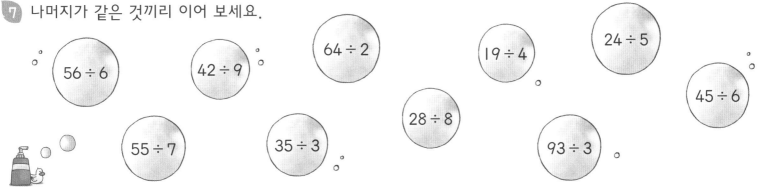

56 ÷ 6
42 ÷ 9
64 ÷ 2
19 ÷ 4
24 ÷ 5
28 ÷ 8
45 ÷ 6
55 ÷ 7
35 ÷ 3
93 ÷ 3

8 나머지가 가장 큰 식을 찾아 ○표 하세요.

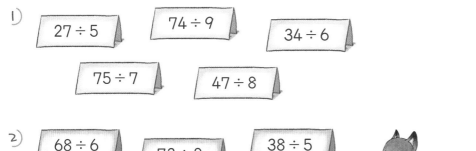

1)
27 ÷ 5
74 ÷ 9
34 ÷ 6
75 ÷ 7
47 ÷ 8

2)
68 ÷ 6
73 ÷ 8
38 ÷ 5
67 ÷ 7
23 ÷ 4

9 나머지가 작은 식부터 차례대로 이어 보세요.

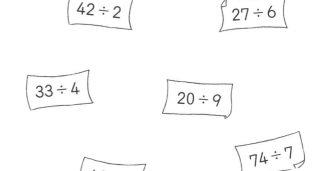

42 ÷ 2
27 ÷ 6
33 ÷ 4
20 ÷ 9
69 ÷ 8
74 ÷ 7

나머지가 될 수 있는 수

말풍선: 카드 20장을 3명이 5장씩 나누어 가지면 5장이 남아.
$20 \div 3 = 5 \cdots 5$

말풍선: 남은 5장은 우리가 한 장씩 더 나누어 가질 수 있어. 그러면 2장이 남아.
$20 \div 3 = 6 \cdots 2$

말풍선: 카드 20장을 3명이 똑같이 나누면 6장씩 가질 수 있고, 2장이 남네.

$20 \div 3 = 6 \cdots 2$

나머지는 나누는 수보다 작습니다.

1 물건을 한 명에게 3개씩 나누어 주려고 해요. 3개씩 묶어서 몫과 나머지를 구하고, 알맞은 수에 ○표 하세요.

나머지가 없으면 나머지가 0이라고 말할 수 있어.

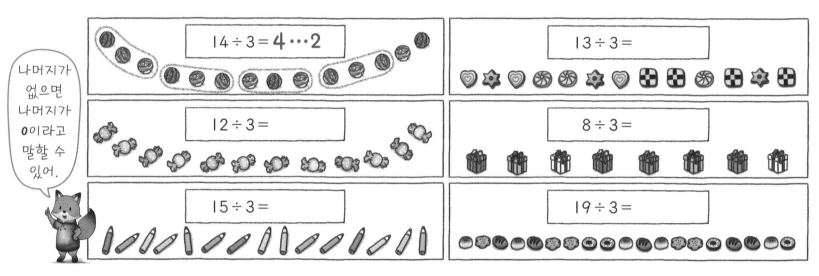

$14 \div 3 = 4 \cdots 2$

$13 \div 3 =$

$12 \div 3 =$

$8 \div 3 =$

$15 \div 3 =$

$19 \div 3 =$

➡ 3으로 나누었을 때 나머지가 될 수 있는 수는 (0, 1, 2, 3, 4, 5, 6, 7, 8, 9)입니다.

2 나눗셈을 하고, □ 안의 수로 나눌 때 나머지가 될 수 있는 수를 모두 찾아 색칠해 보세요.

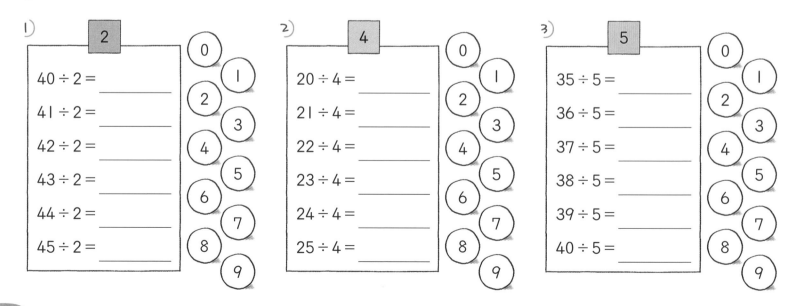

1) **2**

$40 \div 2 =$

$41 \div 2 =$

$42 \div 2 =$

$43 \div 2 =$

$44 \div 2 =$

$45 \div 2 =$

0 1 2 3 4 5 6 7 8 9

2) **4**

$20 \div 4 =$

$21 \div 4 =$

$22 \div 4 =$

$23 \div 4 =$

$24 \div 4 =$

$25 \div 4 =$

0 1 2 3 4 5 6 7 8 9

3) **5**

$35 \div 5 =$

$36 \div 5 =$

$37 \div 5 =$

$38 \div 5 =$

$39 \div 5 =$

$40 \div 5 =$

0 1 2 3 4 5 6 7 8 9

3 주어진 수를 4로 나누었을 때의 나머지를 구하여 선으로 이어 보세요.

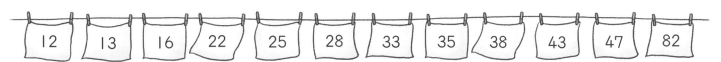

12 13 16 22 25 28 33 35 38 43 47 82

나머지 0   나머지 1   나머지 2   나머지 3   나머지 4

4로 나누었을 때 나머지가 될 수 있는 수는?

4 ◯ 안의 수로 나누었을 때 나머지가 될 수 없는 수에 ✕표 하세요.

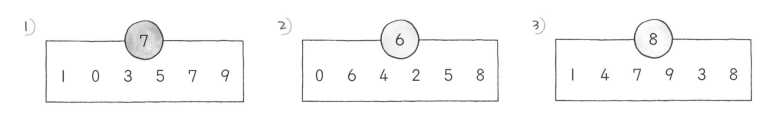

1) **7** 1 0 3 5 7 9

2) **6** 0 6 4 2 5 8

3) **8** 1 4 7 9 3 8

5 1) 나머지가 6이 될 수 없는 식을 모두 찾아 ✕표 하세요.

2) 나머지가 5가 될 수 없는 식을 모두 찾아 ✕표 하세요.

□÷6   □÷8   □÷5

□÷4   □÷7

□÷8   □÷4   □÷9

□÷5   □÷7

6 이야기를 읽고 알맞은 말에 ☑표 하세요.

1) 4로 나누었을 때 나머지가 될 수 있는 수는 0, 1, 2, 3이에요.
☐ 예
☐ 아니오

2) 4는 9로 나누었을 때의 나머지가 될 수 없어요.
☐ 예
☐ 아니오

3) 6은 7로 나누었을 때의 나머지가 될 수 있어요.
☐ 예
☐ 아니오

4) 2로 나누었을 때 나머지가 될 수 있는 수는 0, 1, 2예요.
☐ 예
☐ 아니오

나머지가 있는 (몇십몇)÷(몇)의 활용

1

젤리 30개를 유리병 4개에 똑같이 나누어 담으려고 해요. 병 하나에 젤리를 몇 개씩 담을 수 있고, 몇 개가 남을까요?

식 _____

답 한 병에 ___개씩 담을 수 있고,
___개가 남아요.

책 68권을 책꽂이 6칸에 똑같이 나누어 꽂으려고 해요. 책꽂이 한 칸에 책을 몇 권씩 꽂을 수 있고, 몇 권이 남을까요?

식 _____

답 한 칸에 ___권씩 꽂을 수 있고,
___권이 남아요.

2 성냥개비가 각각 ◯ 안의 수만큼 있다면 주어진 모양을 몇 개 만들 수 있고, 몇 개의 성냥개비가 남을까요?

1)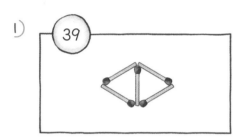

$$39 \div 5 = $$ _____

모양을 ___개 만들 수 있고,
성냥개비 ___개가 남아요.

2)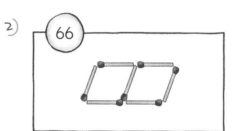

_____

모양을 ___개 만들 수 있고,
성냥개비 ___개가 남아요.

3)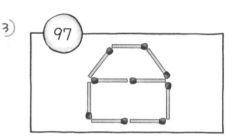

_____

모양을 ___개 만들 수 있고,
성냥개비 ___개가 남아요.

3

1) 한 상자에 12개씩 들어 있는 자두가 5상자 있어요. 자두를 7명이 똑같이 나누어 먹는다면 한 명이 자두를 몇 개씩 먹을 수 있고, 몇 개가 남을까요?

식 _____

답 한 명이 ___개씩 먹을 수 있고,
___개가 남아요.

2) 빨간색 구슬, 노란색 구슬, 파란색 구슬이 각각 15개씩 있어요. 구슬을 6명이 똑같이 나누어 가진다면 한 명이 구슬을 몇 개씩 가질 수 있고, 몇 개가 남을까요?

식 _____

답 한 명이 ___개씩 가질 수 있고,
___개가 남아요.

4 친구들이 좋아하는 수는 어떤 수일까요?

1) 내가 좋아하는 수는
40과 50 사이의 수이고,
7로 나누면 나머지가
5인 수예요.

_____

2) 내가 좋아하는 수는
35와 40 사이의 수이고,
6으로 나누면 나머지가
3인 수예요.

_____

3) 내가 좋아하는 수는
60과 70 사이의 수이고,
8로 나누면 나머지가
4인 수예요.

_____

나머지가 있는 (몇십몇)÷(몇)의 활용

5 조건에 맞는 수를 모두 찾아 색칠해 보세요.

1)

19 46 17
14 10 15
13 83 64

2로 나누어떨어지는 수

2)
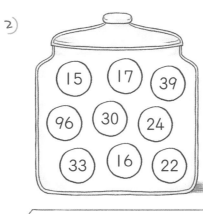

15 17 39
96 30 24
33 16 22

3으로 나누어떨어지는 수

3)
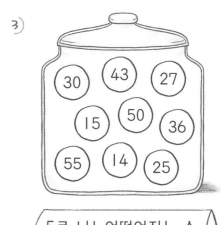

30 43 27
15 50 36
55 14 25

5로 나누어떨어지는 수

6

1) 18은 ☐(으)로 나누어떨어져요.   (1, 2, 3, 4, 5, 6, 7, 8, 9)

2) 24는 ☐(으)로 나누어떨어져요.   (1, 2, 3, 4, 5, 6, 7, 8, 9)

3) 30은 ☐(으)로 나누어떨어져요.   (1, 2, 3, 4, 5, 6, 7, 8, 9)

4) 36은 ☐(으)로 나누어떨어져요.   (1, 2, 3, 4, 5, 6, 7, 8, 9)

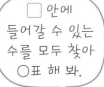

☐ 안에 들어갈 수 있는 수를 모두 찾아 ○표 해 봐.

7 ☐ 안에 1부터 9까지의 숫자 중에서 어떤 숫자를 넣으면 나누어떨어질까요? 알맞은 숫자를 모두 찾아 써 보세요.

1) 1☐ ÷ 3 ➡ _____

2) 6 ÷ ☐ ➡ _____

3) 15 ÷ ☐ ➡ _____

4) 8☐ ÷ 2 ➡ _____

8 수 카드 2장을 골라 옳은 식을 완성해 보세요.

1) 3 4 74 75

_____ ÷ 8 = 9 …

2) 2 3 4 5

46 ÷ _____ = 11 …

3) 3 4 14 29

_____ ÷ _____ = 3 … 2

4) 2 3 44 46

_____ ÷ 7 = 6 …

5) 1 2 3 4

38 ÷ _____ = 12 …

6) 5 6 33 38

_____ ÷ _____ = 6 … 3

내림이 있고 나머지가 있는 (몇십몇)÷(몇)의 이해

1 같은 수만큼씩 묶어서 나눗셈의 몫과 나머지를 구해 보세요.

1) 47 ÷ 3 = _____

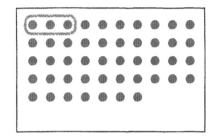

2) 51 ÷ 2 = _____

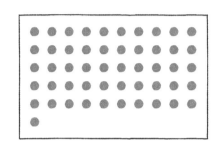

3) 55 ÷ 4 = _____

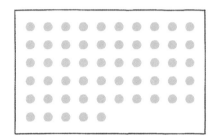

2 그림을 보고 나눗셈의 몫과 나머지를 구해 보세요.

1)

39 ÷ 2 = _____ … _____

2)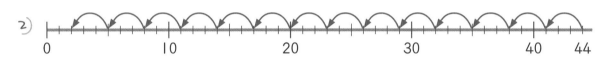

44 ÷ 3 = _____ … _____

3 그림을 보고 빈칸에 알맞은 수를 써넣으세요.

1) 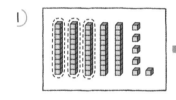 →

56 ÷ 3 = _____ … _____

2) 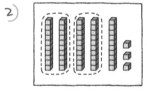 →

53 ÷ 2 = _____ … _____

4 식에 맞게 묶어서 나눗셈을 해 보세요.

1)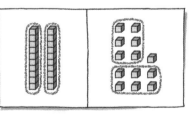

33 ÷ 2 = _____ … _____

20 ÷ 2 = _____

13 ÷ 2 = _____ … _____

2)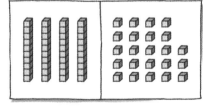

63 ÷ 4 = _____ … _____

40 ÷ 4 = _____

23 ÷ 4 = _____ … _____

3)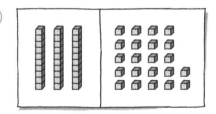

52 ÷ 3 = _____ … _____

30 ÷ 3 = _____

22 ÷ 3 = _____ … _____

내림이 있고 나머지가 있는 (몇십몇)÷(몇)의 이해

5 나눗셈을 해 보세요.

1)
$77 \div 3 =$ _____ ...
$30 \div 3 =$ **10**
$30 \div 3 =$ **10**
$17 \div 3 =$ _____ ...

2)
$99 \div 4 =$ _____ ...
$40 \div 4 =$ _____
$40 \div 4 =$ _____
$\div 4 =$ _____ ...

3)
$59 \div 2 =$ _____ ...
$\div 2 =$ _____
$\div 2 =$ _____
$\div 2 =$ _____ ...

6

$20 \div 2 =$ _____
$60 \div 2 =$ _____

$40 \div 2 =$ _____
$80 \div 2 =$ _____

$30 \div 3 =$ _____
$60 \div 3 =$ _____

$40 \div 4 =$ _____
$80 \div 4 =$ _____

1)
$76 \div 3 =$ _____ ... _____
$60 \div 3 =$ _____
$16 \div 3 =$ _____ ... _____

2)
$99 \div 2 =$ _____ ... _____
$80 \div 2 =$ _____
$19 \div 2 =$ _____ ... _____

3)
$93 \div 4 =$ _____ ... _____
$80 \div 4 =$ _____
$13 \div 4 =$ _____ ... _____

4)
$57 \div 2 =$ _____ ... _____
$40 \div 2 =$ _____
$17 \div 2 =$ _____ ... _____

5)
$88 \div 3 =$ _____ ... _____
$60 \div 3 =$ _____
$28 \div 3 =$ _____ ... _____

6)
$75 \div 2 =$ _____ ... _____
$60 \div 2 =$ _____
$15 \div 2 =$ _____ ... _____

7

÷ 2 →	
12	
16	
18	
20	
60	
80	

표를 이용하여 알맞은 나눗셈식을 만들고 계산해 봐.

1) $37 \div 2$

2	0	÷	2	=		
1	7	÷	2	=		...
3	7	÷	2	=		...

2) $79 \div 2$

		÷	2	=		
		÷	2	=		...
		÷	2	=		...

3) $73 \div 2$

		÷	2	=		
		÷	2	=		...
		÷	2	=		...

4) $97 \div 2$

		÷	2	=		
		÷	2	=		...
		÷	2	=		...

내림이 있고 나머지가 있는 (몇십몇)÷(몇)의 이해

1 나눗셈을 해 보세요.

1)
7	5	÷	6	=			···	
6	0	÷	6	=				
1	5	÷	6	=			···	

2)
5	4	÷	4	=			···	
		÷		=				
		÷		=			···	

3)
4	3	÷	3	=			···	
		÷		=				
		÷		=			···	

2 옳은 것은 ☑표 하고 잘못된 것은 바르게 계산해 보세요.

☐
$57 \div 2 = 28 \cdots 1$

$40 \div 2 = 20$

$17 \div 2 = 8 \cdots 1$

☐
$86 \div 3 = 25 \cdots 1$

$60 \div 3 = 20$

$16 \div 3 = 5 \cdots 1$

☐
$73 \div 4 = 17 \cdots 5$

$40 \div 4 = 10$

$33 \div 4 = 7 \cdots 5$

☐
$78 \div 5 = 15 \cdots 3$

$50 \div 5 = 10$

$28 \div 5 = 5 \cdots 3$

여기에 바르게 계산해 봐.

___ ÷ ___ = ___ ··· ___

___ ÷ ___ = ___

___ ÷ ___ = ___ ··· ___

___ ÷ ___ = ___ ··· ___

___ ÷ ___ = ___

___ ÷ ___ = ___ ··· ___

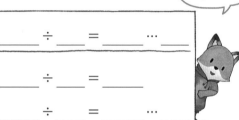

3

$96 \div 8 =$ _____

$97 \div 8 =$ _____ ···

$98 \div 8 =$ _____ ···

$68 \div 4 =$ _____

$69 \div 4 =$ _____ ···

$71 \div 4 =$ _____ ···

$80 \div 5 =$ _____

$82 \div 5 =$ _____ ···

$84 \div 5 =$ _____ ···

$78 \div 6 =$ _____

$81 \div 6 =$ _____ ···

$83 \div 6 =$ _____ ···

4 규칙을 찾아 빈칸에 알맞은 수를 써넣고 나눗셈을 해 보세요.

1)
$40 \div 4 = \underline{10}$

$41 \div 4 = \underline{10 \cdots 1}$

$42 \div 4 =$ _____

$43 \div 4 =$ _____

$\underline{44} \div 4 =$ _____

2)
$60 \div 5 =$ _____

$61 \div 5 =$ _____

$62 \div 5 =$ _____

$63 \div 5 =$ _____

___ ÷ ___ = _____

3)
$66 \div 6 =$ _____

$67 \div 6 =$ _____

$68 \div 6 =$ _____

$69 \div 6 =$ _____

___ ÷ ___ = _____

___ ÷ ___ =

나누는 수와 나머지는 어떤 관계가 있을까?

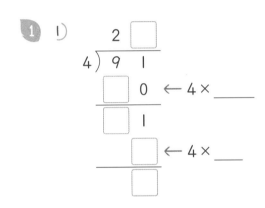

$37 \div 2 = 18 \cdots 1$

십 모형 1개를 일 모형 10개로 바꿀 수 있어요.

1 1)

$4\overline{)91}$

$\begin{array}{r} 2\ \square \\ 4\overline{)9\ 1} \\ \square\ 0 \leftarrow 4 \times \underline{\ \ \ } \\ \square\ 1 \\ \square \leftarrow 4 \times \underline{\ \ \ } \\ \hline \square \end{array}$

2)

$\begin{array}{r} 2\ \square \\ 3\overline{)8\ 3} \\ \square\ 0 \leftarrow 3 \times \underline{\ \ \ } \\ \square\ \square \\ \square\ \square \leftarrow 3 \times \underline{\ \ \ } \\ \hline \square \end{array}$

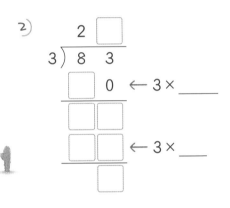

3)

$\begin{array}{r} \square\ 4 \\ 6\overline{)8\ 7} \\ \square\ 0 \leftarrow 6 \times \underline{\ \ \ } \\ \square\ \square \\ \square\ \square \leftarrow 6 \times \underline{\ \ \ } \\ \hline \square \end{array}$

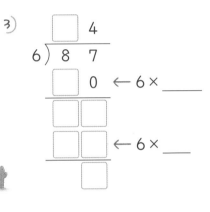

2

세로로 나눗셈을 해 봐.

1) $4\overline{)6\ 5}$

2) $7\overline{)8\ 7}$

3) $5\overline{)7\ 2}$

4) $3\overline{)5\ 6}$

3 1) $79 \div 6$

$6\overline{)7\ 9}$

몫 ____ 나머지 ____

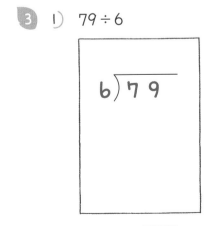

2) $77 \div 5$

몫 ____ 나머지 ____

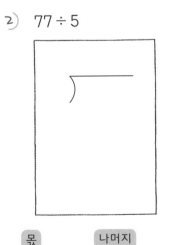

3) $99 \div 8$

몫 ____ 나머지 ____

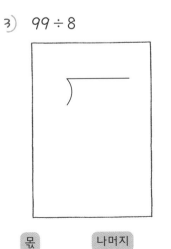

4) $53 \div 2$

몫 ____ 나머지 ____

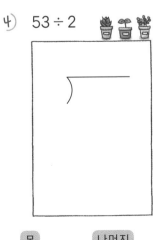

내림이 있고 나머지가 있는 (몇십몇)÷(몇)

1 잘못된 곳을 찾아 바르게 계산해 보세요.

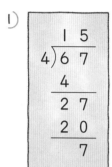 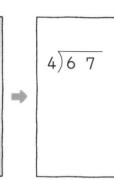 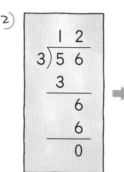

2 1)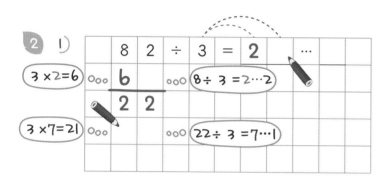

2)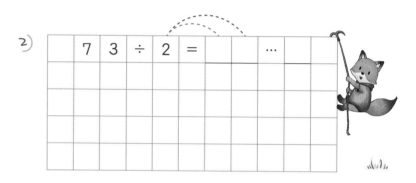

3 나눗셈을 해 보세요.

1) $66 ÷ 4 = \underline{16 \cdots 2}$

   $74 ÷ 5 = \underline{\hspace{2cm}}$

   $97 ÷ 2 = \underline{\hspace{2cm}}$

   $71 ÷ 3 = \underline{\hspace{2cm}}$

2) $33 ÷ 2 = \underline{\hspace{2cm}}$

   $46 ÷ 3 = \underline{\hspace{2cm}}$

   $89 ÷ 6 = \underline{\hspace{2cm}}$

   $92 ÷ 8 = \underline{\hspace{2cm}}$

3) $80 ÷ 6 = \underline{\hspace{2cm}}$

   $97 ÷ 8 = \underline{\hspace{2cm}}$

   $85 ÷ 3 = \underline{\hspace{2cm}}$

   $68 ÷ 5 = \underline{\hspace{2cm}}$

4) $51 ÷ 2 = \underline{\hspace{2cm}}$

   $82 ÷ 7 = \underline{\hspace{2cm}}$

   $75 ÷ 4 = \underline{\hspace{2cm}}$

   $96 ÷ 7 = \underline{\hspace{2cm}}$

4

나눗셈식	몫	나머지
$83 ÷ 6$	17	2
$70 ÷ 3$	13	1
$81 ÷ 7$	14	3
$87 ÷ 5$	11	5
$59 ÷ 4$	23	4

나눗셈을 하여 알맞게 선으로 이어 봐.

5 나눗셈을 하여 빈칸을 알맞게 채워 보세요.

1)

73	÷6=	12	···1
	÷5=		
	÷3=		

2)

94	÷5=		
	÷8=		
	÷7=		

3)

89	÷3=		
	÷7=		
	÷5=		

6 빈칸에 알맞은 수를 써넣으세요.

1)

÷3 →		나머지
74		
86		
52		
79		

2)

÷4 →		나머지
63		
50		
75		
98		

3)

÷6 →		나머지
71		
86		
88		
93		

7 나눗셈식을 보고 바르게 설명한 친구를 모두 찾아 ○표 하세요.

1)

$$43 \div 3 = \boxed{} \cdots \boxed{}$$

몫은 12보다 커.

나머지는 1이야.

몫은 10보다 작아.

2)

$$98 \div 8 = \boxed{} \cdots \boxed{}$$

나머지가 없어.

나머지는 4보다 작아.

몫은 11보다 커.

8
1) 책 54권을 한 명에게 4권씩 나누어 주려고 해요. 책을 몇 명에게 나누어 줄 수 있고, 몇 권이 남을까요?

식 _____

답 _____명에게 나누어 줄 수 있고,

_____권이 남아요.

2) 귤 90개를 접시 7개에 똑같이 나누어 담으려고 해요. 한 접시에 몇 개씩 담을 수 있고, 몇 개가 남을까요?

식 _____

답 한 접시에_____개씩 담을 수 있고,

_____개가 남아요.

내림이 있고 나머지가 있는 (몇십몇)÷(몇)

1 나머지가 같은 식끼리 선으로 이어 보세요.

| 55÷3 | 89÷6 | 86÷7 | 92÷8 | 75÷6 | 60÷5 |

| 96÷7 | 82÷6 | 57÷2 | 74÷3 | 72÷4 | 68÷5 |

2 나머지가 1인 식을 따라가 보세요.

출발	75÷5	71÷3	53÷4	76÷3	97÷8	77÷3
73÷3	51÷2	91÷4	85÷6	54÷4	73÷6	도착
60÷4	66÷5	35÷2	71÷5	84÷7	86÷5	65÷4

3 조건에 맞는 수를 모두 찾아 ○표 하세요.

1) **4**로 나눌 때 나머지가 될 수 있는 수

| 0 | 1 | 2 | 3 | 4 | 5 | 6 | 7 | 8 | 9 |

4÷4=1
5÷4=1···1
6÷4=1···2
7÷4=1···3
8÷4=2

2) **7**로 나눌 때 나머지가 될 수 있는 수

| 0 | 1 | 2 | 3 | 4 | 5 | 6 | 7 | 8 | 9 |

4 승호와 윤지, 준희가 가진 구슬의 수를 각각 구하고, 구슬을 가장 많이 가진 친구의 이름에 ○표 하세요.

1) 구슬 68개를 2명의 친구와 함께 똑같이 나누어 가진 다음 남은 구슬은 내가 가졌어요.
   — 승호

2) 구슬 53개를 동생과 둘이서 똑같이 나누어 가진 다음 남은 구슬은 동생에게 주었어요.
   — 윤지

3) 구슬 98개를 언니, 오빠, 동생과 함께 똑같이 나누어 가진 다음 남은 구슬은 동생과 둘이서 똑같이 나누어 가졌어요.
   — 준희

(몇십몇)÷(몇)의 활용

1 조건에 맞는 수를 모두 찾아 색칠해 보세요.

1) 3으로 나누어떨어지는 수

81	16	65	41	57
30	48	51	29	66
87	53	32	80	45
15	42	93	46	78
21	97	38	85	39

나머지가 **0**일 때 나누어떨어진다고 해.

2) 7로 나누어떨어지는 수

74	35	98	63	80
93	84	59	70	68
36	72	25	91	24
15	61	54	49	95
43	94	32	77	89

3) 4로 나누어떨어지는 수

12	67	36	79	64
76	42	84	38	52
44	26	15	82	46
28	56	92	74	32
96	68	24	86	40

2

4 6 9 14 24 36 40 44 54 61 64 72 75 82 96 99

1) 2로 나누어떨어지는 수를 모두 찾아 ☆을 색칠해 보세요.

2) 3으로 나누어떨어지는 수를 모두 찾아 ☽을 색칠해 보세요.

3) 6으로 나누어떨어지는 수에 모두 ○표 하세요.

3 나누어떨어지려면 □ 안에 어떤 숫자가 들어가야 할까요? 0부터 9까지의 숫자 중에서 알맞은 것을 모두 찾아 써 보세요.

1) 7□÷6

2) 5□÷3

3) 6□÷4

4) 9□÷8

5) 3□÷2

6) 9□÷7

7) 8□÷6

8) 7□÷5

4 나누어떨어지려면 □ 안에 어떤 수가 들어가야 하는지 모두 찾아 ○표 하세요.

1) 84÷□

(1, 2, 3, 4, 5, 6, 7, 8, 9)

2) 96÷□

(1, 2, 3, 4, 5, 6, 7, 8, 9)

(몇십몇)÷(몇)의 활용

1 1) 쿠키 36개를 친구들에게 똑같이 나누어 주려고 해요. 빈칸에 알맞은 수를 써 보세요.

사람 수(명)	1	2	3	4	5	6	7	8	9
한 명이 가질 수 있는 쿠키의 수(개)	36	18							
남는 쿠키의 수(개)	0	0							

➡ 친구들의 수가 _____ 명일 때 쿠키를 남김없이 똑같이 나누어 줄 수 있어요.

2) 사탕 56개를 친구들에게 똑같이 나누어 주려고 해요. 빈칸에 알맞은 수를 써 보세요.

사람 수(명)	1	2	3	4	5	6	7	8	9
한 명이 가질 수 있는 사탕의 수(개)									
남는 사탕의 수(개)									

➡ 친구들의 수가 _____ 명일 때 사탕을 남김없이 똑같이 나누어 줄 수 있어요.

2 규칙에 따라 도형을 늘어놓고 있어요. 주어진 순서에 올 도형이 무엇인지 구하고, 그 도형을 그려 보세요.

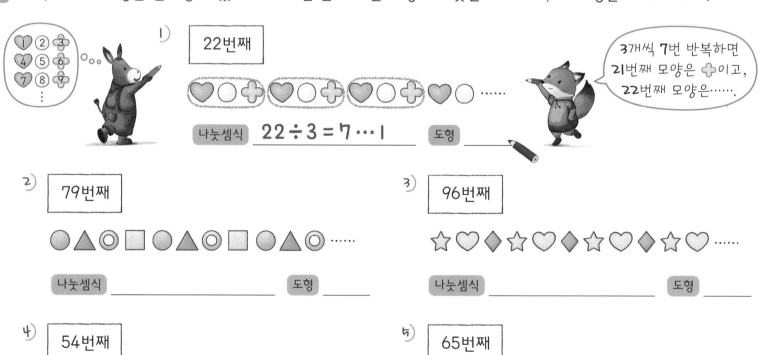

1) 22번째

나눗셈식 $22 \div 3 = 7 \cdots 1$ 도형 _____

2) 79번째

나눗셈식 _____ 도형 _____

3) 96번째

나눗셈식 _____ 도형 _____

4) 54번째

나눗셈식 _____ 도형 _____

5) 65번째

나눗셈식 _____ 도형 _____

(몇십몇)÷(몇)의 활용

3 수 카드 2장을 골라 옳은 식을 완성해 보세요.

1)

4	3	5	1	2

$53 \div \underline{\quad} = 17 \cdots \underline{\quad}$

2)

84	85	87	2	3

$\underline{\quad} \div 4 = 21 \cdots \underline{\quad}$

3)

7	6	13	12	11

$79 \div \underline{\quad} = \underline{\quad} \cdots 1$

4

29÷□의 몫이 5가 되려면…

$\square{\overline{)2\ 9}}^{\,5}$

1)

$29 \div \underline{\quad} = 5 \cdots \underline{\quad}$

$29 \div \underline{\quad} = 7 \cdots \underline{\quad}$

$29 \div \underline{\quad} = 9 \cdots \underline{\quad}$

2)

$92 \div \underline{\quad} = 30 \cdots \underline{\quad}$

$92 \div \underline{\quad} = 15 \cdots \underline{\quad}$

$92 \div \underline{\quad} = 10 \cdots \underline{\quad}$

3)

$83 \div \underline{\quad} = 20 \cdots \underline{\quad}$

$83 \div \underline{\quad} = 13 \cdots \underline{\quad}$

$83 \div \underline{\quad} = 10 \cdots \underline{\quad}$

5 수 카드 4장을 골라 주어진 수가 나머지가 되는 (두 자리 수)÷(한 자리 수)의 나눗셈식을 모두 완성해 보세요.

1)

25	39
51	4
7	

$\underline{\quad} \div \underline{\quad} = ♥ \cdots 1$

$\underline{\quad} \div \underline{\quad} = ★ \cdots 2$

2)

19	37
3	7
8	

$\underline{\quad} \div \underline{\quad} = ● \cdots 2$

$\underline{\quad} \div \underline{\quad} = ■ \cdots 3$

3)

38	41
57	5
9	

$\underline{\quad} \div \underline{\quad} = ▲ \cdots 1$

$\underline{\quad} \div \underline{\quad} = ⬡ \cdots 3$

4)

69	3
80	5
7	

$\underline{\quad} \div \underline{\quad} = ◆ \cdots 2$

$\underline{\quad} \div \underline{\quad} = ✿ \cdots 4$

6 숫자 카드를 한 번씩 사용하여 나머지가 가장 큰 (두 자리 수)÷(한 자리 수)의 나눗셈식을 만들어 보세요.

1)

내 카드는 3 2 8 이야.

$\boxed{}\boxed{} \div \boxed{} = \underline{\qquad}$

2)

내 카드는 4 5 3 이야.

$\boxed{}\boxed{} \div \boxed{} = \underline{\qquad}$

3)

내 카드는 6 4 7 이야.

$\boxed{}\boxed{} \div \boxed{} = \underline{\qquad}$

나머지가 없는 (몇백)÷(몇)의 이해

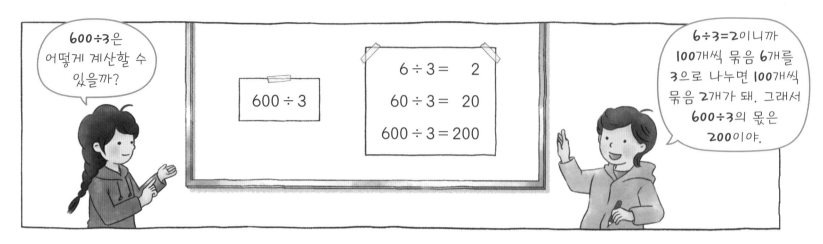

1 그림을 보고 나눗셈을 해 보세요.

1)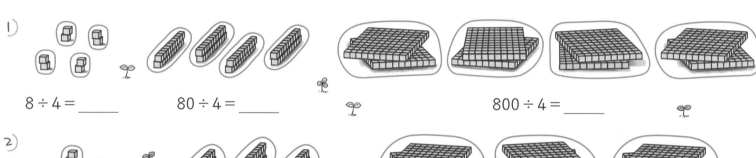

$8 \div 4 =$ _____ $80 \div 4 =$ _____ $800 \div 4 =$ _____

2)

$9 \div 3 =$ _____ $90 \div 3 =$ _____ $900 \div 3 =$ _____

2

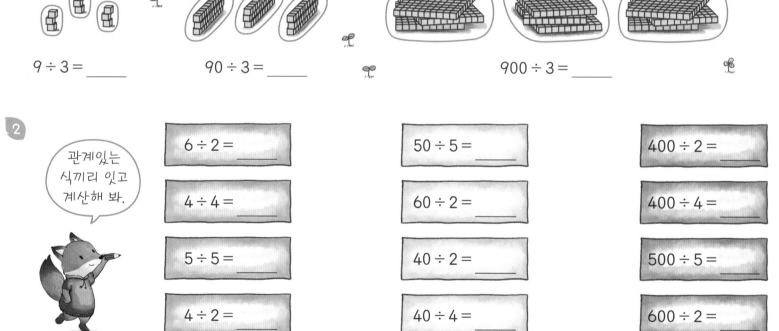

관계있는 식끼리 잇고 계산해 봐.

$6 \div 2 =$ _____

$4 \div 4 =$ _____

$5 \div 5 =$ _____

$4 \div 2 =$ _____

$50 \div 5 =$ _____

$60 \div 2 =$ _____

$40 \div 2 =$ _____

$40 \div 4 =$ _____

$400 \div 2 =$ _____

$400 \div 4 =$ _____

$500 \div 5 =$ _____

$600 \div 2 =$ _____

3 규칙에 맞게 나눗셈식을 쓰고 계산해 보세요.

1) $3 \div 3 =$ _____

   $30 \div 3 =$ _____

   $300 \div 3 =$ _____

나누어지는 수가 10배씩 커지면 몫은 어떻게 달라지는지 확인해 봐.

2) $8 \div 2 =$ _____

   $80 \div 2 =$ _____

   $800 \div 2 =$ _____

3) $7 \div 7 =$ _____

   ___ ÷ ___ = ___

   ___ ÷ ___ = ___

나머지가 없는 (몇백)÷(몇)의 이해

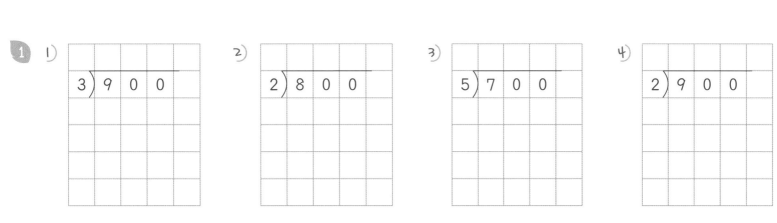

1) 1)

$3) 9 0 0$

2)

$2) 8 0 0$

3)

$5) 7 0 0$

4)

$2) 9 0 0$

2 몫이 같은 식을 찾아 ☑표 하세요.

1)
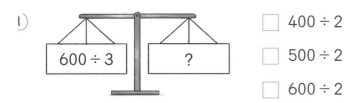

- [ ] $400 \div 2$
- [ ] $500 \div 2$
- [ ] $600 \div 2$

2)
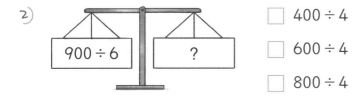

- [ ] $400 \div 4$
- [ ] $600 \div 4$
- [ ] $800 \div 4$

3 여행을 가서 찍은 600장의 사진을 앨범에 넣어 보관하려고 해요. 앨범 한 쪽에 사진을 5장씩 넣을 수 있다면 몇 쪽짜리 앨범이 필요할까요?

식

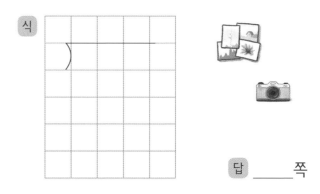

답 _____ 쪽

4 옳은 식이 되도록 선으로 잇고 나눗셈식을 써 보세요.

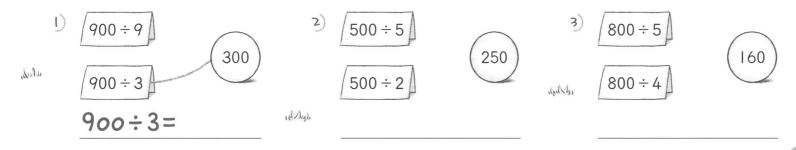

1) $900 \div 9$
$900 \div 3$ —— 300

$900 \div 3 =$ _____

2) $500 \div 5$
$500 \div 2$ 250

3) $800 \div 5$
$800 \div 4$ 160

나머지가 없는 (몇백몇십)÷(몇)의 이해

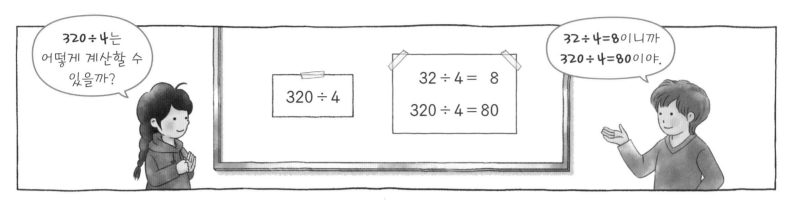

320÷4는 어떻게 계산할 수 있을까?

320 ÷ 4

32 ÷ 4 = 8
320 ÷ 4 = 80

32÷4=8이니까 320÷4=80이야.

1 1) 36÷6 = _____   2) 27÷9 = _____   3) 16÷8 = _____   4) 35÷7 = _____

360÷6 = _____   270÷9 = _____   160÷8 = _____   350÷7 = _____

5) 같은 규칙으로 나눗셈식 4쌍을 완성해 보세요.

| 14 ÷ 2 = _____ | 45 ÷ 5 = _____ | _____ ÷ _____ = _____ | _____ ÷ 4 = _____ |
| _____ ÷ _____ = _____ | _____ ÷ _____ = _____ | 240 ÷ 3 = _____ | _____ ÷ 4 = _____ |

2 나눗셈의 몫이 같은 것끼리 같은 색으로 칠해 보세요.

160÷2 = _____   360÷4 = _____   210÷3 = _____   250÷5 = _____   420÷7 = _____

540÷6 = _____   560÷8 = _____   120÷2 = _____   720÷9 = _____   150÷3 = _____

3 옳은 것을 모두 찾아 ☑표 하세요.

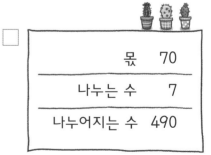

☐
나누어지는 수	280
나누는 수	4
몫	70

☐
나누는 수	8
나누어지는 수	320
몫	30

☐
몫	70
나누는 수	7
나누어지는 수	490

4 1)

÷	480	240
6		

2)

÷	150	350
5		

3)

÷	180	540
9		

나머지가 없는 (몇백몇십)÷(몇)

백의 자리부터 순서대로 계산하면 돼.

64÷4=16이니까 640÷4=160이야.

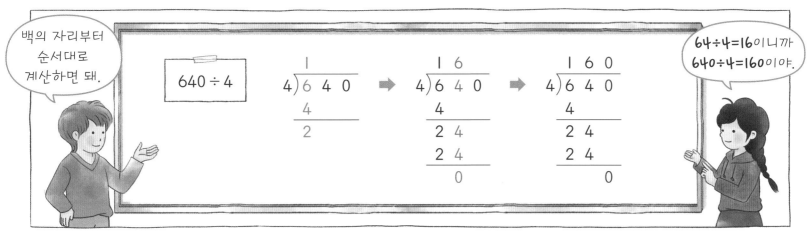

$640 \div 4$

1)
1) $950 \div 5 =$ _____

2) $840 \div 6 =$ _____

3) $720 \div 3 =$ _____

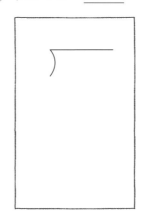

4) $560 \div 2 =$ _____

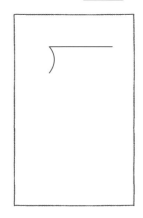

2)
1)
$850 \div 5 =$ _____
$500 \div 5 =$ _____
$350 \div 5 =$ _____

2)
$420 \div 3 =$ _____
$300 \div 3 =$ _____
$120 \div 3 =$ _____

3)
$910 \div 7 =$ _____
$700 \div 7 =$ _____
$210 \div 7 =$ _____

4)
$960 \div 6 =$ _____
_____ $\div 6 =$ _____
_____ $\div 6 =$ _____

3) 관계있는 식끼리 선으로 잇고 계산해 보세요.

$58 \div 2 =$ _____

$51 \div 3 =$ _____

$56 \div 4 =$ _____

$65 \div 5 =$ _____

$650 \div 5 =$ _____

$580 \div 2 =$ _____

$560 \div 4 =$ _____

$510 \div 3 =$ _____

4) 나눗셈의 몫에 ☑표 하세요.

1) $840 \div 7$

☐ 120　☐ 130　☐ 140

2) $780 \div 3$

☐ 160　☐ 260　☐ 390

나머지가 없는 (세 자리 수)÷(한 자리 수)의 이해

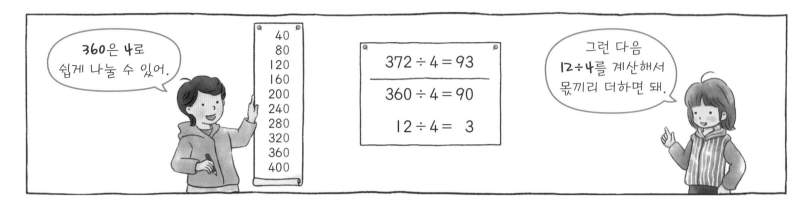

360은 4로 쉽게 나눌 수 있어.

40
80
120
160
200
240
280
320
360
400

$372 \div 4 = 93$

$360 \div 4 = 90$

$12 \div 4 = 3$

그런 다음 12÷4를 계산해서 몫끼리 더하면 돼.

1 ⬜ 안의 수를 이용하여 나눗셈을 해 보세요.

1)
$320 \div 5 =$ ___
$\underline{300} \div 5 =$ ___
___ $\div 5 =$ ___

2)
$490 \div 5 =$ ___
___ $\div 5 =$ ___
___ $\div 5 =$ ___

3)
$185 \div 5 =$ ___
___ $\div 5 =$ ___
___ $\div 5 =$ ___

4)
$515 \div 5 =$ ___
___ $\div 5 =$ ___
___ $\div 5 =$ ___

| 50 | 100 | 150 | 200 | 250 | 300 | 350 | 400 | 450 | 500 |

2
1)
$315 \div 7 =$ ___
$\underline{280} \div 7 =$ ___
$\underline{35} \div 7 =$ ___

2)
$477 \div 9 =$ ___
___ $\div 9 =$ ___
___ $\div 9 =$ ___

3)
$552 \div 6 =$ ___
___ $\div 6 =$ ___
___ $\div 6 =$ ___

4)
$376 \div 4 =$ ___
___ $\div 4 =$ ___
___ $\div 4 =$ ___

3
1)

÷	210	15	225
3			

2)

÷	400	32	432
8			

3)

÷	540	63	603
9			

4 관계있는 식끼리 같은 색으로 칠하고 계산을 해 보세요.

$512 \div 8 =$ ___ $468 \div 6 =$ ___ $348 \div 4 =$ ___ $480 \div 8 = 60$ $320 \div 4 =$ ___

$420 \div 6 =$ ___ $32 \div 8 = 4$ $48 \div 6 =$ ___ $28 \div 4 =$ ___

나머지가 없는 (세 자리 수)÷(한 자리 수)의 이해

5

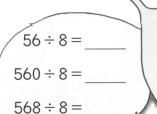

바로 위의 식과 어떤 관계가 있는지 생각하면서 차례대로 풀어 봐.

56 ÷ 8 = _____

560 ÷ 8 = _____

568 ÷ 8 = _____

36 ÷ 6 = _____

360 ÷ 6 = _____

366 ÷ 6 = _____

32 ÷ 4 = _____

320 ÷ 4 = _____

328 ÷ 4 = _____

28 ÷ 7 = _____

280 ÷ 7 = _____

287 ÷ 7 = _____

27 ÷ 3 = _____

270 ÷ 3 = _____

279 ÷ 3 = _____

6

1)

8	0	0	÷	4	=			
	3	6	÷	4	=			
8	3	6	÷	4	=			

2)

6	0	0	÷	3	=			
	1	5	÷	3	=			
6	1	5	÷	3	=			

7

1)

400 ÷ 4 = _____

404 ÷ 4 = _____

396 ÷ 4 = _____

◯ 안의 나눗셈을 이용하여 몫을 구해 봐.

2)

600 ÷ 3 = _____

603 ÷ 3 = _____

597 ÷ 3 = _____

3)

800 ÷ 2 = _____

802 ÷ 2 = _____

798 ÷ 2 = _____

4)

700 ÷ 7 = _____

707 ÷ 7 = _____

693 ÷ 7 = _____

8 가장 쉬운 나눗셈식을 찾아 먼저 몫을 구한 다음, 남은 문제를 해결해 보세요.

1) 414 ÷ 6 = _____

420 ÷ 6 = **70**

426 ÷ 6 = _____

432 ÷ 6 = _____

2) 266 ÷ 7 = _____

273 ÷ 7 = _____

280 ÷ 7 = _____

287 ÷ 7 = _____

3) 788 ÷ 4 = _____

792 ÷ 4 = _____

796 ÷ 4 = _____

800 ÷ 4 = _____

4) 369 ÷ 9 = _____

360 ÷ 9 = _____

351 ÷ 9 = _____

342 ÷ 9 = _____

9 ◯ 안에 알맞은 숫자를 써넣으세요.

1)

3	6	4	÷	7	=	◯	◯

3	5	0	÷	◯	=	5	0

| ◯ | ◯ | ◯ | ÷ | ◯ | = | ◯ |

2)

4	1	5	÷	◯	=	◯	◯

◯	◯	◯	÷	5	=	8	0

| ◯ | ◯ | ◯ | ÷ | 5 | = | ◯ |

3)

2	7	6	÷	◯	=	◯	◯

2	4	0	÷	◯	=	4	0

| ◯ | ◯ | ◯ | ÷ | ◯ | = | ◯ |

나머지가 없는 (세 자리 수)÷(한 자리 수)

$237 \div 3$

백의 자리에서 2를 3으로 나눌 수 없으니까 십의 자리에서 23을 3으로 나누어야 해.

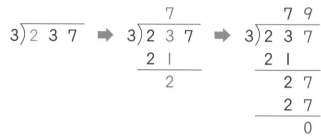

그런 다음 남은 2와 일의 자리 7을 합한 27을 3으로 나누면 돼.

2

나눗셈을 하고 몫을 찾아 같은 색으로 칠해 봐.

69	34
118	206	287

$$4)\overline{472}$$ (몫 118)

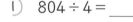  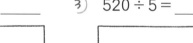

5)345   3)618   2)574   7)238

2

세로로 계산해 봐.

1) $804 \div 4 =$ _____

$$4)\overline{804}$$

2) $372 \div 3 =$ _____

3) $520 \div 5 =$ _____

4) $252 \div 6 =$ _____

3

잘못된 곳을 찾아 바르게 계산해 봐.

1)

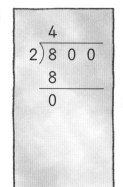 →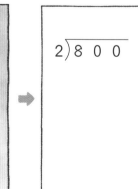

2)

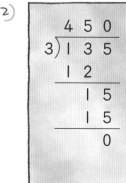 →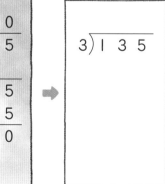

나머지가 없는 (세 자리 수)÷(한 자리 수)

④ 1)

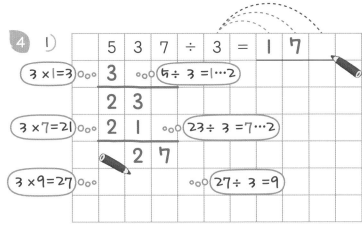

$$5\ 3\ 7\ ÷\ 3\ =\ 1\ 7$$

3×1=3 3 5÷3=1…2
23
3×7=21 21 23÷3=7…2
27
3×9=27 27÷3=9

2)

$$8\ 5\ 2\ ÷\ 4\ =$$

3)

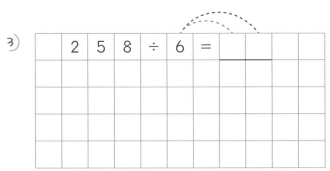

$$2\ 5\ 8\ ÷\ 6\ =$$

4)

$$2\ 0\ 8\ ÷\ 8\ =$$

⑤

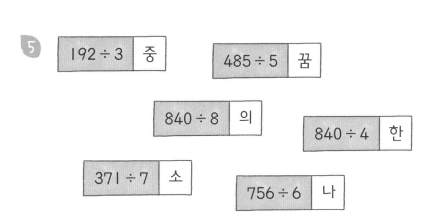

| 192÷3 | 중 |

| 485÷5 | 꿈 |

| 840÷8 | 의 |

| 840÷4 | 한 |

| 371÷7 | 소 |

| 756÷6 | 나 |

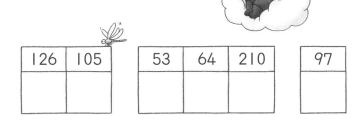

계산을 하여 알맞은 글자를 써넣어 봐.

| 126 | 105 |

| 53 | 64 | 210 |

| 97 |

⑥ 1) 혜나가 새로 산 책은 184쪽이에요. 매일 8쪽씩 읽는다면 책을 모두 읽는 데 며칠이 걸릴까요?

식 _____ 답 _____일

2) 학생 150명을 6개의 반으로 똑같이 나누었어요. 한 반은 몇 명씩일까요?

식 _____ 답 _____명

3) 은수가 올해 달력을 보며 학교에 가지 않는 날수를 세어 보니 168일이었어요. 학교에 가지 않는 날은 몇 주일일까요?

식 _____ 답 _____주일

4) 준서는 매일 일정한 시간 동안 텔레비전을 보았어요. 일주일 동안 텔레비전을 본 시간이 245분이었다면 3일 동안 텔레비전을 본 시간은 몇 분일까요?

식 _____

_____ 답 _____분

나머지가 없는 (세 자리 수)÷(한 자리 수)

1 나눗셈의 몫을 어림하여 조건에 맞는 식을 모두 찾아 ☑표 하고, 계산하여 확인해 보세요.

1) 나눗셈의 몫이 100보다 큰 식

☐ 318 ÷ 3 = _____ ☐ 204 ÷ 4 = _____ ☐ 371 ÷ 7 = _____ ☐ 732 ÷ 6 = _____

2) 나눗셈의 몫이 100보다 작은 식

☐ 675 ÷ 5 = _____ ☐ 154 ÷ 2 = _____ ☐ 872 ÷ 8 = _____ ☐ 747 ÷ 9 = _____

2 몫이 다른 하나를 찾아 ✕표 하세요.

1) 429 ÷ 3 572 ÷ 4 798 ÷ 6 286 ÷ 2

2) 484 ÷ 4 393 ÷ 3 847 ÷ 7 726 ÷ 6

3) 679 ÷ 7 784 ÷ 8 392 ÷ 4 490 ÷ 5

4) 460 ÷ 4 345 ÷ 3 230 ÷ 2 625 ÷ 5

3 삐에로가 말하는 수를 찾아 ◯과 같은 색으로 칠해 보세요.

 273을 3으로 나눈 몫이야.

 745를 5로 나눈 몫이야.

 472를 4로 나눈 몫이야.

 357을 7로 나눈 몫이야.

 648을 6으로 나눈 몫이야.

 549를 9로 나눈 몫이야.

149   91

118

108   61

51

4

1)

840÷7
000
120 ÷7 | 840 | ÷4
÷3 (위)
÷5 (아래)

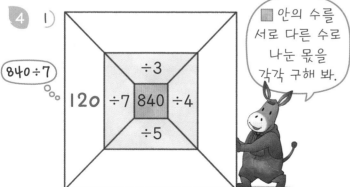 ▨ 안의 수를 서로 다른 수로 나눈 몫을 각각 구해 봐.

2)

÷2 (위)
÷9 | 432 | ÷3
÷4 (아래)

3)

÷8 (위)
÷3 | 576 | ÷4
÷6 (아래)

나머지가 없는 (세 자리 수)÷(한 자리 수)

 **5**

>, =, <

1) 900÷4 ◯ 250
2) 150 ◯ 540÷3
3) 600÷2 ◯ 600÷3
4) 630÷6 ◯ 150
5) 100 ◯ 864÷9
6) 994÷7 ◯ 710÷5

6 나눗셈의 몫이 더 큰 쪽 길을 따라가 보세요.

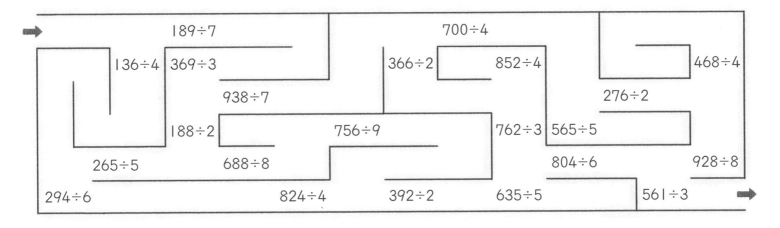

7 영수증을 보고 물음에 답하세요.

영 수 증		
물품	수량	금액
당근주스	5병	820원
사과주스	3병	495원
포도 맛 사탕	4개	212원
레몬 맛 사탕	7개	301원
풍선껌	6개	744원
새우 맛 과자	3개	960원

1) 풍선껌 한 개는 얼마일까요?　식 _____　답 ___원

2) 새우 맛 과자 한 개는 얼마일까요?　식 _____　답 ___원

3) 포도 맛 사탕과 레몬 맛 사탕 중 한 개의 가격이 더 비싼 것은 무엇일까요?

식 _____　답 _____

4) 당근주스와 사과주스 중 한 병의 가격이 더 비싼 것은 무엇일까요?

식 _____　답 _____

8

🌸 안에 알맞은 숫자를 써넣어 봐.

1)
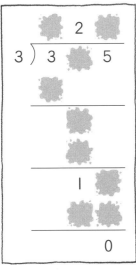

2)
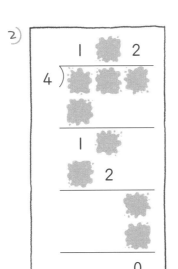

3)
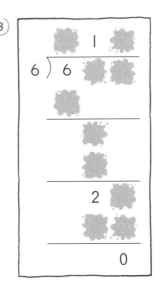

9

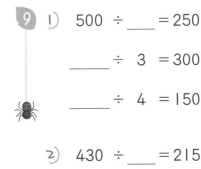
1) 500 ÷ ___ = 250

___ ÷ 3 = 300

___ ÷ 4 = 150

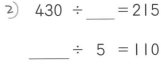
2) 430 ÷ ___ = 215

___ ÷ 5 = 110

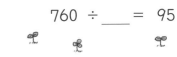
760 ÷ ___ = 95

65

나머지가 없는 (세 자리 수)÷(한 자리 수)의 활용

1

나눗셈의 몫을 구하고 각각의 규칙을 설명해 봐.

1)
$210 \div 3 =$ _____
$213 \div 3 =$ _____
$216 \div 3 =$ _____
$219 \div 3 =$ _____

2)
$480 \div 8 =$ _____
$472 \div 8 =$ _____
$464 \div 8 =$ _____
$456 \div 8 =$ _____

3)
$560 \div 7 =$ _____
$574 \div 7 =$ _____
$588 \div 7 =$ _____
$602 \div 7 =$ _____

4)
$180 \div 2 =$ _____
$172 \div 2 =$ _____
$164 \div 2 =$ _____
$156 \div 2 =$ _____

규칙

1) 나누어지는 수는 3씩 커지고, 나누는 수는 항상 3이에요. 그래서 몫은

_____

2) _____

3) _____

4) _____

2 규칙을 찾아 빈칸에 알맞은 수를 써넣고 물음에 답하세요.

1)
$824 \div 4 =$ _____
$864 \div 4 =$ _____
$904 \div 4 =$ _____
_____ ÷ _____ = _____

2)
$212 \div 4 =$ _____
$292 \div 4 =$ _____
$372 \div 4 =$ _____
_____ ÷ _____ = _____

3)
$846 \div 9 =$ _____
$756 \div 9 =$ _____
$666 \div 9 =$ _____
_____ ÷ _____ = _____

4)
$963 \div 9 =$ _____
$945 \div 9 =$ _____
$927 \div 9 =$ _____
_____ ÷ _____ = _____

5) 1) ~ 4) 중에서 어느 것을 설명하고 있는지 찾아 ☐ 안에 쓰고, 빈칸에 알맞은 말을 써넣으세요.

"나누어지는 수는 40씩 커지고, 나누는 수는 항상 4예요.

그래서 몫은 _____."

"나누어지는 수는 18씩 작아지고, 나누는 수는 항상 9예요.

그래서 몫은 _____."

3
1) $135 \div 5 =$ _____
$270 \div 5 =$ _____
$540 \div 5 =$ _____

2) $111 \div 3 =$ _____
$222 \div 3 =$ _____
$444 \div 3 =$ _____

3) $124 \div 2 =$ _____
$248 \div 2 =$ _____
$496 \div 2 =$ _____

4) $864 \div 4 =$ _____
$432 \div 4 =$ _____
$216 \div 4 =$ _____

나머지가 없는 (세 자리 수)÷(한 자리 수)의 활용

4 나눗셈을 하고 규칙을 찾아보세요.

1)
$$840 ÷ 2 = \underline{\hspace{2cm}}$$
$$840 ÷ 4 = \underline{\hspace{2cm}}$$

$$360 ÷ 2 = \underline{\hspace{2cm}}$$
$$360 ÷ 4 = \underline{\hspace{2cm}}$$

$$164 ÷ 2 = \underline{\hspace{2cm}}$$

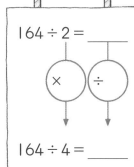

$$164 ÷ 4 = \underline{\hspace{2cm}}$$

2)
$$840 ÷ 3 = \underline{\hspace{2cm}}$$
$$840 ÷ 6 = \underline{\hspace{2cm}}$$

$$360 ÷ 3 = \underline{\hspace{2cm}}$$
$$360 ÷ 6 = \underline{\hspace{2cm}}$$

$$198 ÷ 3 = \underline{\hspace{2cm}}$$

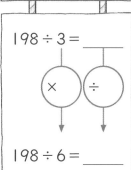

$$198 ÷ 6 = \underline{\hspace{2cm}}$$

3)
$$720 ÷ 9 = \underline{\hspace{2cm}}$$
$$720 ÷ 3 = \underline{\hspace{2cm}}$$

$$360 ÷ 9 = \underline{\hspace{2cm}}$$
$$360 ÷ 3 = \underline{\hspace{2cm}}$$

$$207 ÷ 9 = \underline{\hspace{2cm}}$$

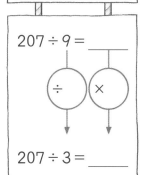

$$207 ÷ 3 = \underline{\hspace{2cm}}$$

4)
$$720 ÷ 8 = \underline{\hspace{2cm}}$$
$$720 ÷ 2 = \underline{\hspace{2cm}}$$

$$360 ÷ 8 = \underline{\hspace{2cm}}$$
$$360 ÷ 2 = \underline{\hspace{2cm}}$$

$$184 ÷ 8 = \underline{\hspace{2cm}}$$

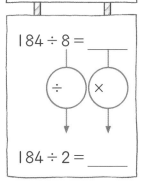

$$184 ÷ 2 = \underline{\hspace{2cm}}$$

5

1)
> 도마뱀과 뱀이 모두 34마리 있어요.
> 다리의 수가 104개라면 도마뱀과 뱀은
> 각각 몇 마리씩 있을까요?

도마뱀은 다리가 4개야.

식 _____

_____

답 도마뱀 _____마리,

뱀 _____마리

2)
> 186쪽짜리 책을 매일 6쪽씩 읽으면
> 한 달 동안 책을 모두 읽을 수 있을까요?

식 _____

답 _____

_____

6 만들 수 있는 나눗셈식을 모두 쓰고 계산해 보세요.

나누는 수들의 관계를 이용하면 더 쉽게 계산할 수 있어.

_____   _____   _____

_____   _____   _____

나머지가 있는 (세 자리 수)÷(한 자리 수)

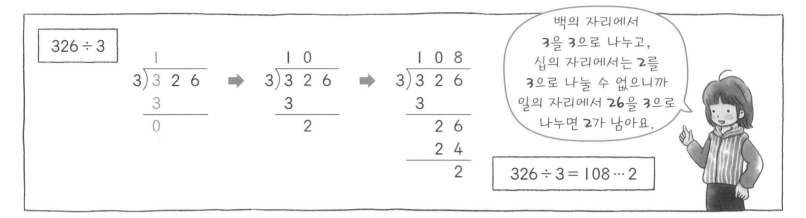

326÷3

백의 자리에서 3을 3으로 나누고, 십의 자리에서는 2를 3으로 나눌 수 없으니까 일의 자리에서 26을 3으로 나누면 2가 남아요.

326 ÷ 3 = 108 ··· 2

1 □ 안에 알맞은 수를 써넣으세요.

2 1) 417 ÷ 2 = _____ 2) 542 ÷ 3 = _____ 3) 604 ÷ 6 = _____ 4) 547 ÷ 5 = _____

세로로 나눗셈을 해 봐.

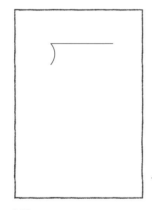

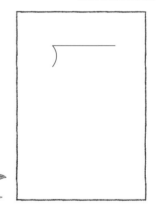

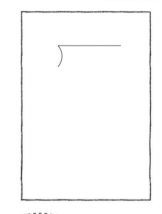

3 1)

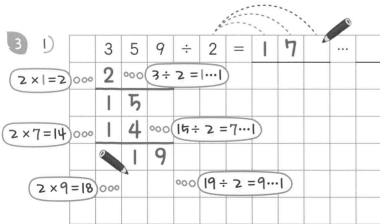

2)

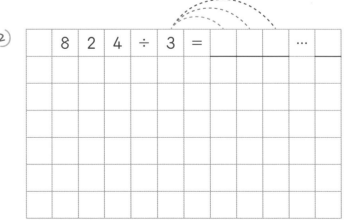

나머지가 있는 (세 자리 수)÷(한 자리 수)

$349 ÷ 4$

$$\begin{array}{r} 4\overline{)349} \end{array}$$
⇒
$$\begin{array}{r} 8 \\ 4\overline{)349} \\ 32 \\ \hline 2 \end{array}$$
⇒
$$\begin{array}{r} 87 \\ 4\overline{)349} \\ 32 \\ \hline 29 \\ 28 \\ \hline 1 \end{array}$$

백의 자리에서는 나눌 수 없으니까 십의 자리에서 **34**를 **4**로 나누고, 남은 **2**와 일의 자리 **9**를 합한 **29**를 **4**로 나누면 **1**이 남아요.

$349 ÷ 4 = 87 \cdots 1$

1 나눗셈을 해 보세요.

1)
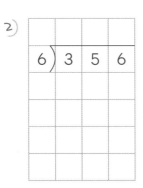
$4\overline{)257}$

2)
$6\overline{)356}$

3)
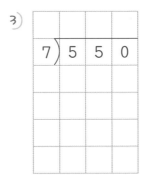
$7\overline{)550}$

4)
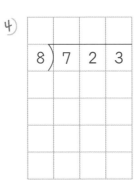
$8\overline{)723}$

5)
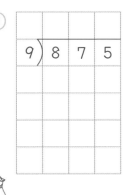
$9\overline{)875}$

2 세로로 계산해 보세요.

1) $563 ÷ 6 = $ _____

2) $169 ÷ 4 = $ _____

3) $354 ÷ 5 = $ _____

4) $176 ÷ 3 = $ _____

3

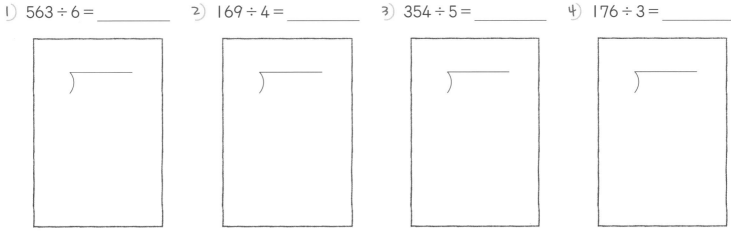

1)

3	6	4	÷	5	=	**7**		...	
3	**5**								
		1							

2)

2	5	9	÷	8	=			...	

나머지가 있는 (세 자리 수)÷(한 자리 수)

1 알맞은 나눗셈식을 쓰고 나눗셈을 해 보세요.

8×10= 80
8×20=160
8×30=240
⋮

1)
249 ÷ 8 = _____ ⋯
240 ÷ 8 = **30**
9 ÷ 8 = **1** ⋯ **1**

2)
395 ÷ 8 = _____ ⋯
_____ ÷ 8 =
_____ ÷ 8 = _____ ⋯

3)
197 ÷ 8 = _____ ⋯
_____ ÷ 8 =
_____ ÷ 8 = _____ ⋯

4)
130 ÷ 8 = _____ ⋯
_____ ÷ 8 =
_____ ÷ 8 = _____ ⋯

5)
436 ÷ 8 = _____ ⋯
_____ ÷ 8 =
_____ ÷ 8 = _____ ⋯

2

1)
5	8	7	÷	9	=			⋯	
5	**4**	**0**	÷	9	=	**6**	**0**		
	4	**7**	÷	9	=		**5**	⋯	**2**

2)
2	8	9	÷	4	=		⋯	
			÷	4	=			
			÷	4	=		⋯	

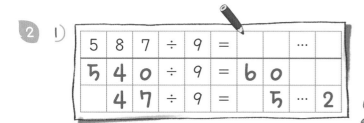

3)
4	1	2	÷	7	=		⋯	
			÷		=			
			÷		=		⋯	

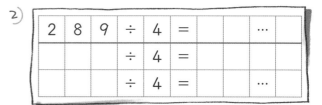

4)
4	3	3	÷	5	=		⋯	
			÷		=			
			÷		=		⋯	

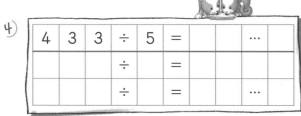

5)
3	4	6	÷	6	=		⋯	
			÷		=			
			÷		=		⋯	

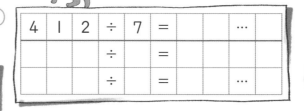

3

1)
÷6 →	
540	
541	
542	
543	
544	
545	

2)
÷4 →	
320	
321	
322	
323	
324	
325	

3)
÷5 →	
250	
252	
254	
256	
258	
260	

4)
÷8 →	
480	
482	
484	
486	
488	
490	

4

나누어지는 수를 서로 비교하여 나눗셈을 해 봐.

1) $420 \div 6 = $ _____

$419 \div 6 = $ _____ ···

$418 \div 6 = $ _____ ···

2) $360 \div 3 = $ _____

$359 \div 3 = $ _____ ···

$358 \div 3 = $ _____ ···

3) $280 \div 7 = $ _____

$279 \div 7 = $ _____ ···

$278 \div 7 = $ _____ ···

5 잘못된 것을 찾아 번호에 ×표 하고 바르게 계산해 보세요.

× 1)
$717 \div 7 = 102$

$700 \div 7 = 100$
$17 \div 7 = \quad 2$

2)
$831 \div 4 = 207 \cdots 3$

$800 \div 4 = 200$
$31 \div 4 = \quad 7 \cdots 3$

3)
$458 \div 6 = 86 \cdots 2$

$420 \div 6 = 80$
$38 \div 6 = \quad 6 \cdots 2$

4)
$169 \div 8 = 21 \cdots 1$

$160 \div 8 = 20$
$9 \div 8 = \quad 1 \cdots 1$

5)
$183 \div 2 = 96 \cdots 1$

$180 \div 2 = 90$
$13 \div 2 = \quad 6 \cdots 1$

6)
$914 \div 3 = 304 \cdots 1$

$900 \div 3 = 300$
$14 \div 3 = \quad 4 \cdots 1$

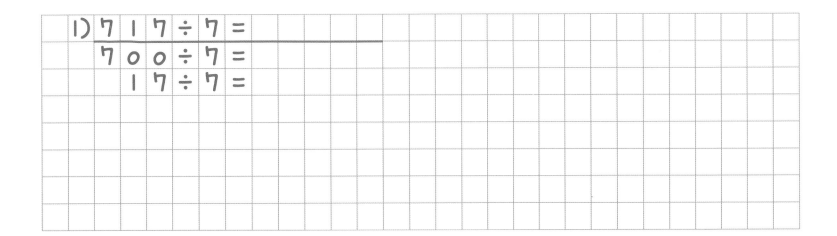

1) $717 \div 7 = $

$\quad 700 \div 7 = $

$\quad 17 \div 7 = $

6 안에 알맞은 숫자를 써넣으세요.

1)
$278 \div 4 = $  ···

$\blacksquare\blacksquare\blacksquare \div 4 = 60$

$38 \div 4 = $ ···

2)
$\blacksquare\blacksquare\blacksquare \div 7 = $ 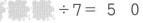 ···

$\blacksquare\blacksquare\blacksquare \div 7 = 50$

$25 \div 7 = \quad 3$

3)
$\blacksquare\blacksquare\blacksquare \div 3 = $  ···

$\blacksquare\blacksquare\blacksquare \div 3 = 90$

$7 \div 3 = $ ···

나머지가 있는 (세 자리 수)÷(한 자리 수)

1

잘못된 곳을 찾아 바르게 계산해 봐.

1)
```
      9 1
  9 ) 8 2 9
      8 1
        1 9
           9
           1
```
➡
```
  9 ) 8 2 9
```

2)
```
      1 3 6
  5 ) 6 8 6
      5
      1 8
      1 5
        3 6
        3 0
           6
```
➡
```
  5 ) 6 8 6
```

2

1)

÷4 →		나머지
406	101	2
643		
877		

2)

÷6 →		나머지
635		
728		
856		

3)

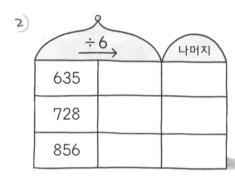

÷7 →		나머지
506		
398		
921		

3 규칙을 찾아 빈칸에 알맞은 수를 써넣고 계산을 해 보세요.

1)
$200 ÷ 9 = $ **22···2**
$290 ÷ 9 = $ _____
$380 ÷ 9 = $ _____
_____ $÷$ ____ $=$ _____

2)
$613 ÷ 5 = $ _____
$563 ÷ 5 = $ _____
$513 ÷ 5 = $ _____
_____ $÷$ ____ $=$ _____

3)
$922 ÷ 6 = $ _____
$892 ÷ 6 = $ _____
$862 ÷ 6 = $ _____
_____ $÷$ ____ $=$ _____

4 옳은 식은 ☑표 하고, 잘못된 식은 몫과 나머지를 바르게 고쳐 보세요.

1)
☐ $915 ÷ 7 = \cancel{130 ··· 4}$
　　　　　$130 ··· 5$
☐ $431 ÷ 3 = 143 ··· 2$
☐ $563 ÷ 6 = 93 ··· 5$
☐ $179 ÷ 8 = 23 ··· 1$

2)
☐ $628 ÷ 5 = 125 ··· 3$
☐ $302 ÷ 4 = 77 ··· 2$
☐ $994 ÷ 9 = 110 ··· 4$
☐ $446 ÷ 6 = 74 ··· 1$

3)
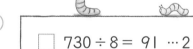
☐ $730 ÷ 8 = 91 ··· 2$
☐ $505 ÷ 7 = 71 ··· 8$
☐ $407 ÷ 4 = 101 ··· 2$
☐ $920 ÷ 7 = 131 ··· 3$

5 만들 수 있는 나눗셈식을 모두 쓰고, 몫과 나머지를 구해 보세요.

1)

_____   _____

_____   _____

2)

_____   _____

_____   _____

6 식에 알맞은 내용을 찾아 ☑표 하고 계산해 보세요.

$$247 \div 6 = \underline{\hspace{1cm}} \cdots \underline{\hspace{1cm}}$$

☐ 젤리가 247개씩 들어 있는 봉지가 6봉지 있어요.

☐ 연필 247자루를 6개의 상자에 똑같이 나누어 담아요.

☐ 책 247권 중에서 6권을 읽었어요.

7 1) 달걀 479개를 한 명에게 9개씩 나누어 준다면 모두 몇 명에게 나누어 줄 수 있고, 달걀은 몇 개가 남을까요?

2) 블록 827개를 3통에 똑같이 나누어 담으면 한 통에 몇 개씩 담을 수 있고, 몇 개가 남을까요?

_____명에게 나누어 줄 수 있고, ____개가 남아요.

한 통에 _____개씩 담을 수 있고, ____개가 남아요.

3) 민지는 색종이 575장을 친구 3명과 똑같이 나누어 가졌어요. 남은 것을 민지가 가졌다면 민지가 가진 색종이는 모두 몇 장일까요?

4) 고무보트 한 대에 6명씩 탈 수 있어요. 286명이 모두 타려면 고무보트는 몇 대가 필요할까요?

_____장

_____대

나머지가 있는 (세 자리 수)÷(한 자리 수)

1 알맞은 수를 찾아 같은 색으로 칠해 보세요.

234를 4로 나눈 나머지	475를 3으로 나눈 나머지	748을 6으로 나눈 나머지
639를 8로 나눈 나머지	859를 7로 나눈 나머지	548을 9로 나눈 나머지

4 7 5 1 2 8

2 나머지가 같은 것끼리 선으로 이어 보세요.

267÷5   309÷8   187÷4   472÷6   655÷9   454÷8

243÷7   194÷8   591÷8   218÷5   328÷7   976÷9

3 나머지가 다른 하나에 ×표 하세요.

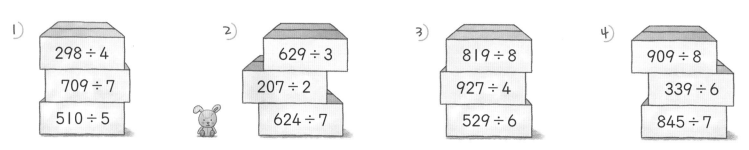

1)
298÷4
709÷7
510÷5

2)
629÷3
207÷2
624÷7

3)
819÷8
927÷4
529÷6

4)
909÷8
339÷6
845÷7

4 나머지가 큰 식부터 차례대로 이어 보세요.

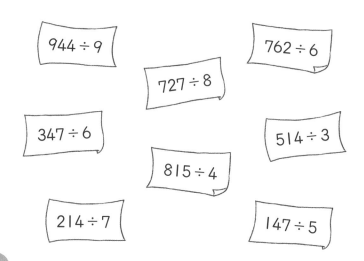

944÷9   762÷6   727÷8   347÷6   514÷3   815÷4   214÷7   147÷5

5 ☐ 안의 수를 4로 나누고, 알맞은 색으로 칠해 보세요.

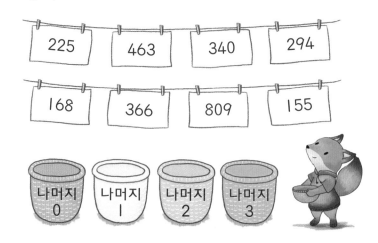

225   463   340   294

168   366   809   155

나머지 0   나머지 1   나머지 2   나머지 3

나머지가 있는 (세 자리 수)÷(한 자리 수)

6

나머지가 0인 수
☐ 나머지가 1인 수
■ 나머지가 4인 수

101	102	103	104	105	106	107	108	109	110
111	112	113	114	115	116	117	118	119	120
121	122	123	124	125	126	127	128	129	130
131	132	133	134	135	136	137	138	139	140
141	142	143	144	145	146	147	148	149	150
151	152	153	154	155	156	157	158	159	160
161	162	163	164	165	166	167	168	169	170
171	172	173	174	175	176	177	178	179	180
181	182	183	184	185	186	187	188	189	190
191	192	193	194	195	196	197	198	199	200

7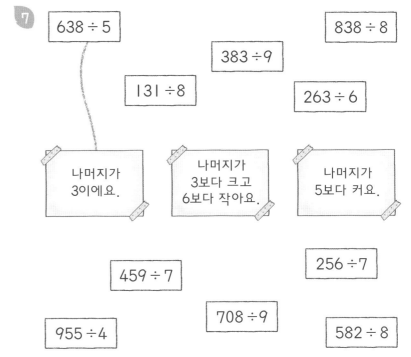

$638 \div 5$ $838 \div 8$

$383 \div 9$

$131 \div 8$ $263 \div 6$

나머지가 3이에요.

나머지가 3보다 크고 6보다 작아요.

나머지가 5보다 커요.

$459 \div 7$ $256 \div 7$

$708 \div 9$

$955 \div 4$ $582 \div 8$

8 ■ 안에 알맞은 숫자를 써넣으세요.

1)
```
      2 | |
  3 ) | 0 |
      6
        | 7
```

2)
```
    ) 5   4
      4
      1
      1 2
        3
```

9 수 카드 2장을 골라 옳은 식을 완성해 보세요.

1) [2] [3] [4] [5]

$287 \div \underline{\quad} = 57 \cdots \underline{\quad}$

ㄴ7
☐) 2 8 7

2) [183] [185] [733] [735]

$\underline{\quad} \div 4 = \underline{\quad} \cdots 1$

10 규칙에 맞게 구슬을 꿰고 있어요. 주어진 순서에 꿰어야 할 구슬의 색을 구하고, 그 색을 칠해 보세요.

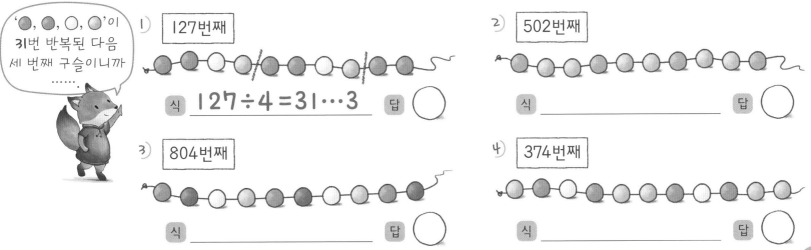

'●, ●, ○, ◐'이 31번 반복된 다음 세 번째 구슬이니까 …….

1) 127번째

식 $127 \div 4 = 31 \cdots 3$ 답 ○

2) 502번째

식 _____   답 ○

3) 804번째

식 _____   답 ○

4) 374번째

식 _____   답 ○

계산이 맞는지 확인하기

오렌지 25개를 한 봉지에 4개씩 담았더니 6봉지가 되고 1개가 남았어.

오렌지의 수는 4개씩 6묶음과 낱개 1개이니까 4×6=24, 24+1=25로 확인할 수 있어.

$$25 \div 4 = 6 \cdots 1$$

확인 $4 \times 6 = 24, \ 24 + 1 = 25$

나누는 수와 몫의 곱에 나머지를 더하면 나누어지는 수가 되어야 합니다.

---

1 식에 맞게 묶어서 계산해 보고, 계산 결과가 맞는지 확인해 보세요.

1)

$$32 \div 5 = \underline{} \cdots \underline{}$$

확인 $\underline{5} \times \underline{} = 30, \ 30 + \underline{} = 32$

2)

$$47 \div 7 = \underline{} \cdots \underline{}$$

확인 $\underline{} \times \underline{} = 42, \ 42 + \underline{} = 47$

---

2 계산해 보고 계산 결과가 맞는지 확인해 보세요.

1) $\boxed{26 \div 6}$ 몫 ___ 나머지 ___

확인 $6 \times \underline{} = \underline{}, \quad \underline{} + \underline{} = 26$

2) $\boxed{19 \div 2}$ 몫 ___ 나머지 ___

확인 $2 \times \underline{} = \underline{}, \quad \underline{} + \underline{} = 19$

3) $\boxed{34 \div 7}$ 몫 ___ 나머지 ___

확인 $7 \times \underline{} = \underline{}, \quad \underline{} + \underline{} = 34$

3

1) $23 \div 3 = \underline{} \cdots \underline{}$ 확인 $3 \times$ _____

2) $33 \div 9 = \underline{} \cdots \underline{}$ 확인 _____

3) $49 \div 6 = \underline{} \cdots \underline{}$ 확인 _____

4) $58 \div 4 = \underline{} \cdots \underline{}$ 확인 _____

5) $84 \div 5 = \underline{} \cdots \underline{}$ 확인 _____

4 관계있는 것끼리 같은 색으로 칠하고, 빈칸에 알맞은 수를 써 보세요.

$20 \div 6$	$81 \div 7$	$43 \div 8$	$69 \div 9$	$55 \div 3$
$7 \cdots 6$	$3 \cdots 2$	$18 \cdots 1$	$11 \cdots 4$	$5 \cdots 3$
$9 \times \underline{} = 63$	$3 \times \underline{} = 54$	$6 \times \underline{} = 18$	$8 \times \underline{} = 40$	$7 \times \underline{} = 77$
$\underline{} + 1 = 55$	$40 + \underline{} = 43$	$18 + \underline{} = 20$	$\underline{} + 4 = 81$	$\underline{} + 6 = 69$

5 관계있는 것끼리 선으로 잇고 빈칸에 알맞은 수를 써넣으세요.

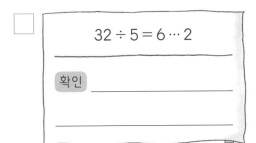

$75 \div 8 = \underline{} \cdots \underline{}$

$64 \div 6 = \underline{} \cdots \underline{}$

$53 \div 2 = \underline{} \cdots \underline{}$

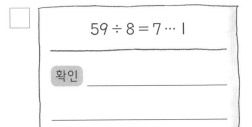

$6 \times \underline{} = 60$

$2 \times \underline{} = \underline{}$

$8 \times \underline{} = 72$

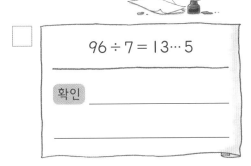

$\underline{} + 4 = 64$

$72 + \underline{} = 75$

$52 + \underline{} = 53$

6 계산 결과가 맞는지 확인해 보고 옳은 식에 ☑표 하세요.

☐ $32 \div 5 = 6 \cdots 2$

확인 _____

_____

☐ $59 \div 8 = 7 \cdots 1$

확인 _____

_____

☐ $96 \div 7 = 13 \cdots 5$

확인 _____

_____

7 어떤 나눗셈식을 계산하고 계산 결과가 맞는지 확인한 식이에요. 계산한 나눗셈식을 쓰고 몫과 나머지를 구해 보세요.

1) $5 \times 17 = 85, \ 85 + 4 = 89$

식 _____

몫 _____ 나머지 _____

2) $4 \times 31 = 124, \ 124 + 2 = 126$

식 _____

몫 _____ 나머지 _____

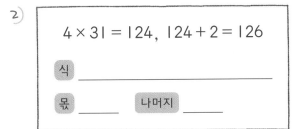

나눗셈의 활용

1 1) 색 테이프를 4명이 23 cm씩 나누어 가졌더니 3 cm가 남았어요.
처음에 있던 색 테이프는 몇 cm일까요?

식 _____

답 _____ cm

2) 동화책을 매일 19쪽씩 일주일 동안 읽었더니 2쪽이 남았어요.
동화책은 모두 몇 쪽일까요?

식 _____

답 _____ 쪽

2 친구들이 가지고 있는 수를 찾아 ○표 하세요.

1) 내가 가지고 있는 수를
6으로 나누면 몫은 **8**이고,
나머지는 **5**예요.

| 48 | 53 | 59 |

2) 내가 가지고 있는 수를
9로 나누면 몫은 **4**이고,
나머지는 **1**이에요.

| 37 | 45 | 46 |

3) 내가 가지고 있는 수를
5로 나누면 몫은 **32**이고,
나머지는 **3**이에요.

| 157 | 160 | 163 |

3 빈칸에 알맞은 수를 써넣으세요.

1) _____ $\div 5 = 3 \cdots 2$

2) _____ $\div 3 = 24 \cdots 1$

3) _____ $\div 6 = 9 \cdots 3$

4) _____ $\div 4 = 15 \cdots 3$

5) _____ $\div 9 = 27 \cdots 5$

6) _____ $\div 2 = 314 \cdots 1$

7) _____ $\div 8 = 49 \cdots 4$

8) _____ $\div 7 = 103 \cdots 6$

9) _____ $\div 5 = 136 \cdots 4$

4 어떤 수를 구해 보세요.

1) 어떤 수를 4로 나누었더니
몫이 16, 나머지가 1이
되었어요.

_____

2) 어떤 수를 7로 나누었더니
몫이 34, 나머지가 5가
되었어요.

_____

3) 어떤 수를 3으로 나누었더니
몫이 142, 나머지가 2가
되었어요.

_____

5 ⬜ 안의 식은 나머지가 모두 같아요. 계산을 하고 나머지가 같은 나눗셈식 하나를 더 만들어 보세요.

23 ÷ 5 = _____

33 ÷ 5 = _____

____ ÷ 5 = _____

14 ÷ 5 = _____

44 ÷ 5 = _____

____ ÷ 5 = _____

31 ÷ 5 = _____

41 ÷ 5 = _____

____ ÷ 5 = _____

22 ÷ 5 = _____

42 ÷ 5 = _____

____ ÷ 5 = _____

6 수 카드를 한 번씩 사용하여 옳은 식을 모두 완성해 보세요.

1)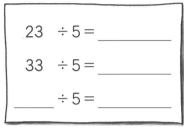

311 ÷ ____ = 44 ⋯ ____

____ ÷ 4 = ____ ⋯ 2

2)

____ ÷ ____ = 13 ⋯ 4

704 ÷ ____ = ____ ⋯ 2

7 ⬜ 안의 수가 나머지가 되는 서로 다른 나눗셈식을 만들어 보세요.

1) 5

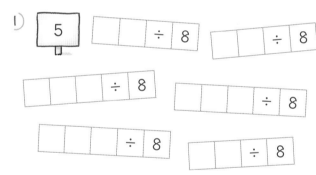

답은 여러 가지가 될 수 있어.

2) 2

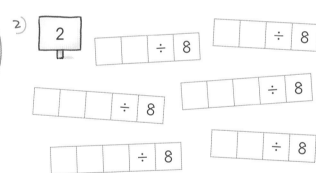

8 같은 모양은 같은 수를 나타내요. 각 모양이 나타내는 수를 구해 보세요.

1)

♥ ÷ 5 = ◆

◆ × 6 = 288

♥ _____

2)

72 ÷ 3 = ●

★ ÷ 7 = ●

★ _____

3)

✿ ÷ 4 = ■

■ × 8 = 184

✿ _____

4)

63 ÷ ◆ = 21

73 ÷ ♣ = 14 ⋯ ◆

♣ _____

5)

🍃 ÷ 7 = 24 ⋯ 3

3 × ⬡ = 🍃

⬡ _____

6)

▲ ÷ 6 = 46 ⋯ 4

8 × ♠ = ▲

♠ _____

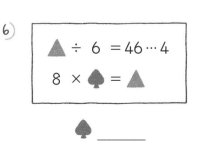

나눗셈의 활용

1 같은 물건은 같은 수를 나타내요. 저울 양쪽의 수가 같을 때 각 물건이 나타내는 수를 구해 보세요.

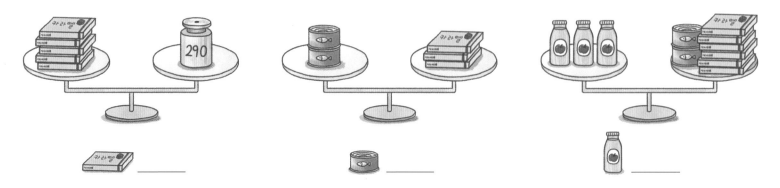

2 주어진 수를 한 번씩 사용하여 퍼즐을 완성해 보세요.

1)
$$360 \div \bigcirc = \bigcirc$$

| 4 | 120 | 90 |
| 360 | 3 | |

2)

| 87 | 3 |
| 29 | 25 | 75 |

3)

| 14 | 3 | 27 | 84 |
| 42 | 2 | 43 | 41 |

3 1)

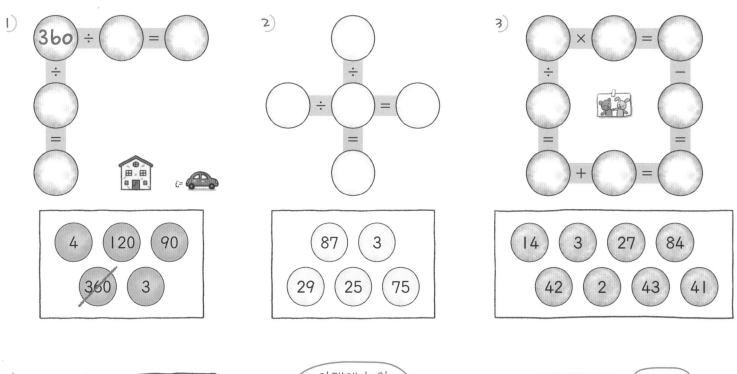

아래에 놓인 두 벽돌이 나타내는 수의 합은 위의 벽돌이 나타내는 수와 같아.

56 113 56+57

168÷3 57
100÷4
126÷6

2)

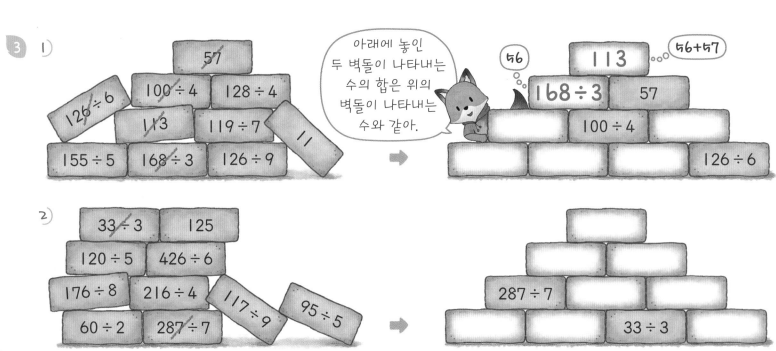

287÷7
33÷3

4 ♥은 일정한 규칙을 가지고 있어요. 규칙을 찾아 계산해 보세요.

나눗셈과 관계있는 규칙이야!

| 52 ♥ 3 = 171 |
| 78 ♥ 5 = 153 |
| 164 ♥ 8 = 204 |
| 332 ♥ 7 = 473 |

1) ♥은 어떤 규칙을 가지고 있나요?

_____

2) 규칙에 따라 계산해 보세요.

407 ♥ 7 = _____   512 ♥ 5 = _____   273 ♥ 6 = _____

5 같은 모양은 같은 숫자를 나타내요. 각 모양이 나타내는 숫자를 구해 보세요.

1)
■▲ ÷ ■ = ●▲
● ★ ÷ ★ = 3
★ × ■ = ●▲

2)
●●★ ÷ ● = ● ● ♥
● ● ÷ ● = ★
♥ ÷ ● = 4

3)
★ × ★ = ● ★
● ★ ÷ ■ = 9
★ ■ ÷ ■ = ▲ ★

■ ___, ▲ ___, ● ___, ★ ___   ⬡ ___, ★ ___, ● ___, ♥ ___   ★ ___, ● ___, ■ ___, ▲ ___

6 나눗셈을 하여 빈칸을 알맞게 채워 보세요.

1)

÷	46	25
7	6⋯4	
	5⋯1	

2)

÷		
5	6⋯3	
7		6⋯6

3)

÷	59	
8		4⋯6
	9⋯5	

7 60보다 큰 두 자리 수 중에서 9로 나누면 나머지가 5이고, 8로 나누면 나머지가 6인 수를 구해 보세요.

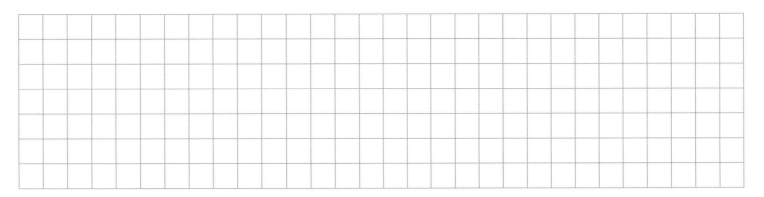

나눗셈의 활용

1 1) ⬜ 안의 수 중에서 2로 나누어떨어지는 수를 모두 찾아 ◯표 하고, 2로 나누어떨어지는 수의 규칙을 써 보세요.

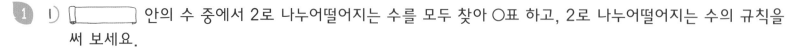

| 2 | 15 | 74 | 90 | 113 | 258 | 430 | 509 | 648 | 721 | 976 |

➡ 2로 나누어떨어지는 수의 일의 자리 숫자는 _____.

2) ⬜ 안의 수 중에서 5로 나누어떨어지는 수를 모두 찾아 ◯표 하고, 5로 나누어떨어지는 수의 규칙을 써 보세요.

| 67 | 120 | 134 | 145 | 201 | 320 | 416 | 578 | 645 | 750 | 812 |

➡ 5로 나누어떨어지는 수의 일의 자리 숫자는 _____.

2 2로 나누어떨어지는 수에 ◯표, 5로 나누어떨어지는 수에 △표 하세요.

54　　80　　95　　126　　203　　315　　352　　417　　620

3 규칙에 맞게 구슬을 꿰었어요. 꿰어진 구슬을 보고 물음에 답하세요.

1　2　4　8　16　32　64　128　256　512

1) ◯ 안의 수들은 어떤 규칙으로 꿰어져 있나요?

_____

2) 수가 적힌 구슬을 512부터 거꾸로 놓아 2, 4, 8로 각각 나누어 보세요.

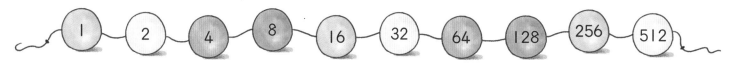

512　256　128　64　32　16　8　4　2　1

÷2									
÷4									✕
÷8								✕	✕

2, 4, 8로 나눈 몫의 위치를 구슬에서 각각 찾아봐.

3) 2)에서 알 수 있는 사실을 써 보세요.

_____

4 숫자 카드 3장으로 만들 수 있는 세 자리 수를 모두 찾아 3으로 나눈 다음, 세 자리 수의 각 자리 숫자의 합을 ☐ 안에 써넣고 물음에 답하세요.

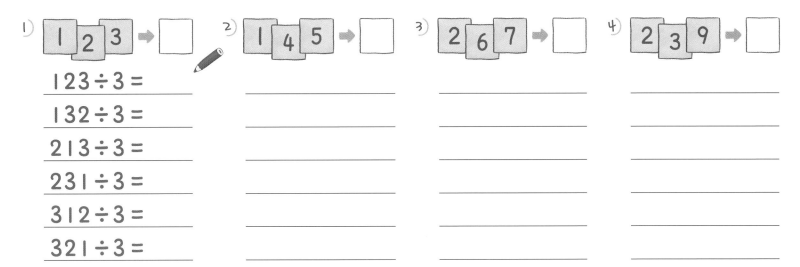

1) 1 2 3 → ☐ 　2) 1 4 5 → ☐ 　3) 2 6 7 → ☐ 　4) 2 3 9 → ☐

$123 \div 3 =$ _____ _____ _____ _____

$132 \div 3 =$ _____ _____ _____ _____

$213 \div 3 =$ _____ _____ _____ _____

$231 \div 3 =$ _____ _____ _____ _____

$312 \div 3 =$ _____ _____ _____ _____

$321 \div 3 =$ _____ _____ _____ _____

5) 1)~4)에서 3으로 나누었을 때 나누어떨어지는 세 자리 수의 각 자리 숫자의 합은 얼마인가요? _____

6) ▭ 안의 수를 3으로 나누었을 때 나누어떨어지는 수를 찾아 ○표 하고, 각 자리 숫자의 합을 구해 보세요.

⑳① 435 511 648 552 742 122 972 234 419

> $201 \rightarrow 2+0+1=3,$

7) 3으로 나누어떨어지는 수는 어떤 규칙을 가지고 있나요?

➡ 3으로 나누어떨어지는 수의 각 자리 숫자의 합은 _____으로 나누어떨어져요.

8) 숫자 카드 3장으로 만든 세 자리 수를 3으로 나누었을 때 모두 나누어떨어지도록 ☐ 안에 숫자를 써 보세요.

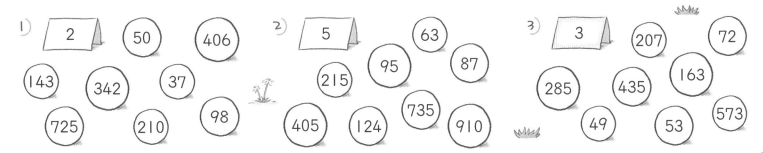

5 ▱ 안의 수로 나누었을 때 나누어떨어지는 수를 모두 찾아 색칠해 보세요.

1) 2

50 406 143 342 37 725 210 98

2) 5

63 95 87 215 405 124 735 910

3) 3

207 72 285 435 163 49 53 573

내림이 없는 (몇십)÷(몇)의 이해

④
- $7÷7=1$, $70÷7=10$
- $9÷3=3$, $90÷3=30$

③
- $8÷4=2$, $80÷4=20$
- $6÷6=1$, $60÷6=10$

②
- $6÷2=3$, $60÷2=30$
- $8÷2=4$, $80÷2=40$

①
- $8÷8=1$, $80÷8=10$
- $4÷2=2$, $40÷2=20$

4 관계있는 식끼리 잇고 나눗셈의 몫을 구해 보세요.

$40÷2=20$ $80÷4=20$ $30÷3=10$ $60÷3=20$ $90÷9=10$

$8÷4=2$ $3÷3=1$ $9÷9=1$ $4÷2=2$ $6÷3=2$

5
③ $70÷7=10$
⑥ $60÷3=20$
① $60÷2=30$
② $80÷2=40$
⑤ $50÷5=10$
④ $80÷4=20$
③ $90÷3=30$

6 나눗셈식에 맞게 그림을 묶고 나눗셈의 몫을 구해 보세요.
① $40÷4=10$
② $80÷2=40$

정답

매스티안 사고력연산 EGG 3-5

EGG 내림이 없는 (몇십)÷(몇)의 이해

$9÷3=3$
$90÷3=30$

한 상자에 오렌지가 10개씩 들어 있으니까 모두 90개이고, 한 사람이 가질 수 있는 오렌지의 수는 30개씩이야.

오렌지가 10개씩 당 상자 9개를 3명이 독같이 나누면 한 명이 가질 수 있는 오렌지의 수는 3상자씩 가질 수 있어.

1 선으로 이어서 똑같이 나누어 보세요.

8	$÷$	4	$=$	2
8	0	$÷$	4	$= 2\ 0$

2 그림을 보고 나눗셈의 몫을 구해 보세요.

① $8÷2=4$, $80÷2=40$
② $4÷4=1$, $40÷4=10$
③ $6÷3=2$, $60÷3=20$
④ $5÷5=1$, $50÷5=10$
⑤ $4÷2=2$, $40÷2=20$
⑥ $9÷3=3$, $90÷3=30$

빵을 30개씩 가질 수 있어요.

6	$÷$	2	$=$	3
6	0	$÷$	2	$= 3\ 0$

색연필을 20자루씩 가질 수 있어요.

*선을 잇는 방법은 여러 가지가 있습니다.

정답

매스티안 사고력연산 EGG 3-5

EGG 내림이 없는 (몇십) ÷ (몇)

1 나눗셈식에 맞게 그림을 나누고 나눗셈의 몫을 구해 보세요.

1) $60 \div 2 = 30$

2) $80 \div 2 = 40$

3) $40 \div 2 = 20$

4) $50 \div 5 = 10$

5) $90 \div 3 = 30$

6) $60 \div 3 = 20$

2 나눗셈의 몫에 ○표 하세요.

1) 80÷2 　80　(40)　20

2) 90÷3 　(30)　60　90

3) 30÷3 　30　20　(10)

4) 40÷2 　(20)　30　40

3 나눗셈의 몫을 찾아 선으로 이어 보세요.

70÷7 —
90÷3 —
80÷2 —
60÷3 —

20
40
10
30

4 몫이 10인 식을 모두 찾아 ○표 하세요.

20÷4　5
50÷5
60÷6
40÷8　5
80÷2
10÷5　2
30÷3
70÷7

5 ○ 안의 수가 몫이 되는 식을 찾아 선으로 잇고 나눗셈식을 써 보세요.

1) 90÷9
90÷3　30
60÷2
10
$90 \div 9 = 10$

2) 60÷3　20
60÷2
30
$60 \div 2 = 30$

3) 40÷2
40÷4　10
20
$40 \div 2 = 20$

4) 80÷2
80÷4　20
40
$80 \div 2 = 40$

EGG 내림이 없는 (몇십) ÷ (몇)

6 알맞은 색으로 칠해 보세요.

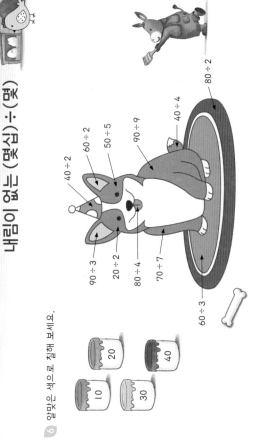

40÷2　60÷2　50÷5　90÷9
90÷3　20÷2　80÷4　70÷7　60÷3　40÷4　80÷2

10　20　30　40

7 몫이 같은 식을 찾아 ∨표 하세요.

1)
40÷2 = 20
90÷3 = 30
?

50÷5 = 10
80÷4 = 20
60÷6 = 10

2)
90÷3 = 30
?

80÷2 = 40
90÷9 = 10
60÷2 = 30

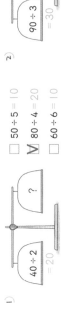

8 몫이 같은 것끼리 같은 색으로 칠하고, 남은 하나에 ×표 하세요. *색은 자유롭게 선택할 수 있습니다.

80÷4　20
50÷5　10
60÷2　30
40÷4　40÷2
90÷9
90÷3
40÷2

9 몫이 다른 하나를 찾아 ×표 하세요.

1) 20÷2 80÷4 80÷2
2) 90÷3 60÷2 40÷2
3) 50÷5 60÷6 40÷1
4) 90÷3 60÷3

정답

매스티안 사고력연산 EGG 3-5

EGG 내림이 없는 (몇십)÷(몇)

1 작은 수가 더 큰 쪽으로 기울어져요. 기울어지는 쪽에 ○표 하세요.

$40÷2$ (20)   ㉑30 $70÷7$ (10)
$60÷2$ (30) 20

2) $90÷3$ (30) $60÷3$ 20

4) $60÷3$ (20) $90÷3$ 30

$50÷5$ (10) $80÷4$ 20

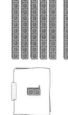

2 ○ 안에 >, =, <를 알맞게 써넣으세요.

1) $40÷2$ $>$ 10
   20

$60÷3$ $=$ 20
   20

$50÷5$ $<$ 20
   10

2) $90÷3$ $>$ 40
   30

$20÷2$ $=$ 20
   10

3) $90÷3$ $<$ $90÷3$
   30   30

$80÷4$ $<$ $80÷2$
   20   40

$60÷2$ $>$ $60÷3$
   30   20

3 몫이 가장 큰 식에 ○표, 가장 작은 식에 △표 하세요.

1) $80÷2$ ○ $50÷5$ △ $60÷3$
   40   10   20

3) $20÷2$ △ $80÷2$ $60÷2$
   10   40   30

2) $80÷4$ $60÷2$ ○
   20   30

$60÷3$ △ $80÷4$
   20   20

4 큰 수를 작은 수로 나눈 몫이 □ 안의 수가 되도록 선으로 이어 보세요.

1) 20   40 80 60

2) 30   90 2 60 30

3) 10   7 5 3 30 70 50

내림이 없는 (몇십)÷(몇)

5 주어진 블록으로 □ 안의 모양을 몇 개 만들 수 있을까요?

1) 식 $60÷2=30$ 답 30개

2) 식 $60÷3=20$ 답 20개

3) 식 $50÷5=10$ 답 10개

6 1) 연필 60자루를 연필꽂이 3개에 똑같이 나누어 꽂으면 연필꽂이 한 개에 몇 자루씩 꽂을 수 있을까요?
   식 $60÷3=20$ 답 20개

2) 음료수 80병을 한 명에게 2병씩 나누어 주면 몇 명에게 나누어 줄 수 있을까요?
   식 $80÷2=40$ 답 40명

7 다음과 같이 과일을 각각 봉지에 담아 팔고 있어요. 물음에 답하세요.

과일의 종류	한 봉지에 담긴 과일의 수 (개)
사과	10
귤	20
자두	30
체리	40

1) 한 종류의 과일을 3봉지 샀더니 모두 90개였어요. 어떤 과일을 샀을까요?
   식 $90÷3=30$ 답 자두

2) 한 종류의 과일을 4봉지 샀더니 모두 80개였어요. 어떤 과일을 샀을까요?
   식 $80÷4=20$ 답 귤

8 나눗셈식에 맞는 내용을 찾아 ∨표 한 다음, 나눗셈의 몫이 무엇을 나타내는지 쓰고 답을 구해 보세요.

$60÷2=30$

□ 엄마에게 사탕 60개를 받았고 아빠에게 젤리 60개를 받았어요.

☑ 엄마에게 받은 사탕 60개를 동생과 둘이서 똑같이 나누어 가졌어요.

□ 아빠에게 받은 젤리 60개를 친구 2명과 함께 똑같이 나누어 가졌어요.

내가 가진 사탕의 수
답 30개

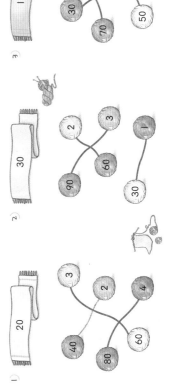

정답

매스티안 사고력연산 EGG 3-5

내림이 있는 (몇십)÷(몇)의 이해

사탕 60개를 한 명에게 4개씩 나누어 주면 몇 명에게 나누어 줄 수 있을까?

$60 \div 4 = 15$

사탕을 4개씩 묶으면 모두 16묶음이니까 16명에게 나누어 줄 수 있어.

1 식에 맞게 같은 수만큼씩 묶어서 나눗셈의 몫을 구해 보세요. ※ 묶는 방법은 여러 가지가 있습니다.

1) $70 \div 5 = 14$

2) $50 \div 2 = 25$

3) $90 \div 6 = 15$

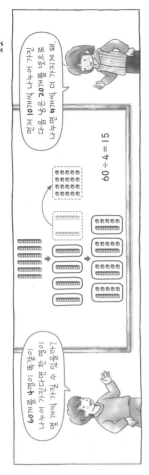

2 쌓기나무를 한 명이 5개씩 나누어 가진다면 몇 명이 가질 수 있을까요?

1) $60 \div 5 = 12$ 12명

2) $80 \div 5 = 16$ 16명

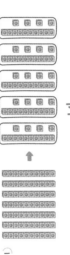

3 알맞게 표시하여 나눗셈의 몫을 구해 보세요.

1) $60 \div 4 = 15$

2) $90 \div 5 = 18$

내림이 있는 (몇십)÷(몇)의 이해

사탕 60개를 4명이 똑같이 나누어 가진다면 한 명이 몇 개씩 가질 수 있을까?

$60 \div 4 = 15$

먼저 10개씩 나누어 가진 다음 남은 20개를 다시 나누면 6개씩 더 가지게 돼.

1 그림을 보고 나눗셈의 몫을 구해 보세요.

1) $70 \div 5 = 14$

2) $50 \div 2 = 25$

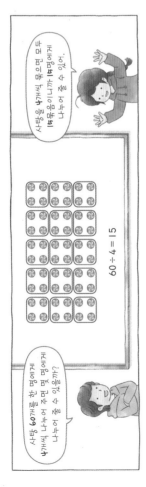

2 한 접시에 몇 개씩 나누어 담았나요? 나눗셈식으로 나타내어 보세요.

1) 젤리가 모두 30개 있어요.

$30 \div 2 = 15$

2) 젤리가 모두 60개 있어요.

$60 \div 5 = 12$

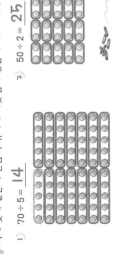

3

똑같이 나누어 색칠해 봐.

1) $70 \div 2 = 35$

2) $60 \div 4 = 15$

3) $90 \div 5 = 18$

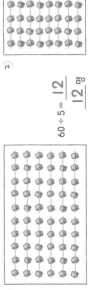

※ 색칠하는 방법은 여러 가지가 있습니다.

EGG 내림이 있는 (몇십)÷(몇)

1 은 10, • 은 1을 나타내요. 똑같이 나누어 그려서 나눗셈을 해 보세요.

1)
$30 \div 2 = 15$
$60 \div 4 = 15$

2)
$70 \div 5 = 14$

3)
$90 \div 2 = 45$

2 나눗셈을 해 보세요.

1)
$60 \div 5 = 12$
$50 \div 5 = 10$
$10 \div 5 = 2$

2)
$90 \div 6 = 15$
$60 \div 6 = 10$
$30 \div 6 = 5$

3)
$30 \div 2 = 15$
$20 \div 2 = 10$
$10 \div 2 = 5$

4)
$50 \div 2 = 25$
$40 \div 2 = 20$
$10 \div 2 = 5$

3 관계있는 식끼리 같은 색으로 칠하고 나눗셈을 해 보세요.

$80 \div 5 = 16$
$40 \div 4 = 10$
$70 \div 2 = 35$
$50 \div 5 = 10$
$10 \div 2 = 5$
$60 \div 4 = 15$
$60 \div 2 = 30$
$30 \div 5 = 6$
$20 \div 4 = 5$

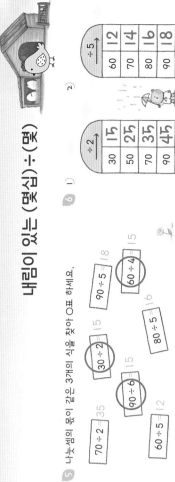
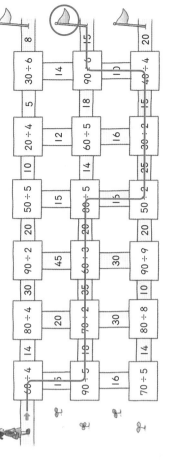

1)
$20 \div 2 = 10$
$30 \div 2 = 15$

2)
$60 \div 6 = 10$
$90 \div 6 = 15$

3)
$40 \div 4 = 10$
$60 \div 4 = 15$

4)
$80 \div 2 = 40$
$90 \div 2 = 45$

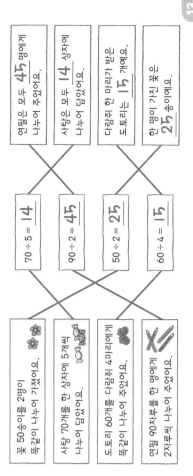

내림이 있는 (몇십)÷(몇)

5 나눗셈의 몫이 같은 3개의 식을 찾아 ○표 하세요.

$70 \div 2 = 35$
$30 \div 2 = 15$
$90 \div 5 = 18$
$90 \div 6 = 15$
$60 \div 4 = 15$
$80 \div 5 = 16$
$60 \div 5 = 12$

6

1) ÷2

÷2	
30	15
50	25
70	35
90	45

2) ÷5

÷5	
60	12
70	14
80	16
90	18

7 나눗셈의 몫을 따라가 도착하는 곳의 깃발에 ○표 하세요.

8 관계있는 것끼리 선으로 잇고 빈칸에 알맞은 수를 써넣으세요.

꽃 50송이를 2명이 똑같이 나누어 가졌어요. → $50 \div 2 = 25$

사탕 70개를 한 상자에 5개씩 나누어 담았어요. → $70 \div 5 = 14$

도토리 60개를 다람쥐 4마리에게 똑같이 나누어 주었어요. → $60 \div 4 = 15$

연필 90자루를 한 명에게 2자루씩 나누어 주었어요. → $90 \div 2 = 45$

연필은 모두 45명에게 나누어 주었어요.

사탕은 모두 14 상자에 담아 있어요.

다람쥐 한 마리가 받은 도토리는 15개예요.

한 명이 가진 꽃은 25송이예요.

정답

매스티안 사고력연산 EGG 3-5

EGG 내림이 있는 (몇십)÷(몇)

1 ○ 안에 >, =, < 를 알맞게 써넣으세요.

1) 70÷2 (>) 30
   35

   50÷2 (<) 35
   25

   80÷5 (>) 20
   16

2) 90÷2 (>) 40
   45

   60÷5 (>) 20
   12

   90÷6 (<) 15
   15

3) 40÷2 (>) 20
   20

   60÷4 (=) 15
   15

   70÷5 (<) 70÷2
   14   35

2 몫이 작은 것부터 차례대로 이어 보세요.

90÷2
90÷5 =18
80÷5 =16
60÷4 =15
70÷5 =14
30÷3 =10
80÷4 =20
60÷2 =30
50÷2 =25
90÷2 =45

3 만들 수 있는 나눗셈식을 모두 쓰고 계산해 보세요.

1) 60 80 4 5

60÷4=15   80÷4=20
60÷5=12   80÷5=16

2) 90 70 2 5

90÷2=45   70÷2=35
90÷5=18   70÷5=14

4 같은 색의 종이에 적힌 두 수로 (큰 수)÷(작은 수)의 몫을 구하여 같은 색의 빈 종이에 써 보세요.

50 2
60 90
12 90
15 16
5   4
6   18
5   15
90 5
16 2
80 60 35

내림이 있는 (몇십)÷(몇)

5 젤리 60개가 있어요. 친구들이 젤리를 똑같이 나누어 먹는다면 한 명이 몇 개씩 먹을 수 있을까요?

1)
   식 60÷2=30   답 30 개

2)
   식 60÷3=20   답 20 개

3)
   식 60÷4=15   답 15 개

4)
   식 60÷5=12   답 12 개

6 과일을 바구니 5개에 똑같이 나누어 담으려고 해요. 바구니 한 개에 들어가는 파일의 수를 각각 구해 보세요.

1) 사과 70개
   식 70÷5=14   답 14 개

2) 바나나 80개
   식 80÷5=16   답 16 개

3) 귤 60개
   식 60÷5=12   답 12 개

4) 복숭아 90개
   식 90÷5=18   답 18 개

7 1) 초콜릿 80개를 여학생 2명과 남학생 3명에게 똑같이 나누어 주려고 해요. 한 명에게 초콜릿을 몇 개씩 줄 수 있을까요?
   (2+3=5,)
   식 80÷5=16   답 16 개

2) 빨간 구슬 20개와 파란 구슬 30개가 있어요. 한 명에게 구슬을 2개씩 나누어 주면 몇 명에게 나누어 줄 수 있을까요?
   (20+30=50,)
   식 50÷2=25   답 25 명

8 가로로 한 줄에 놓인 ●의 수를 나눗셈식으로 나타내어 보세요.

1)
   60÷4=15

2)
   90÷5=18

매스티안 사고력연산 EGG 3-5

EGG 나머지가 없는 (몇십몇)÷(몇)의 이해

1 식에 맞게 같은 수만큼씩 묶어서 나눗셈의 몫을 구해 보세요. ＊묶는 방법은 여러 가지가 있습니다.

1) 36÷3= 12

2) 42÷2= 21

3) 55÷5= 11

2 관계있는 것끼리 선으로 잇고 빈칸에 알맞은 수를 써넣으세요.

33÷3= 11
48÷4= 12
26÷2= 13

36÷3= 12
28÷2= 14

3 그림을 보고 나눗셈의 몫을 구해 보세요.

1) 0 10 20 30 36

2) 0 20 28 30 40

4 그림을 보고 알맞은 나눗셈식을 써 보세요.

1) 33÷ 3 = 11

48÷ 4 = 12

2) 28÷ 2 = 14

3)

나머지가 없는 (몇십몇)÷(몇)의 이해

5 성냥개비로 주어진 도형을 몇 개 만들 수 있을까요? 나눗셈식으로 나타내어 보세요.

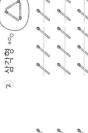

1) 사각형 44÷4=11

2) 삼각형 39÷3=13

6 그림을 보고 알맞은 나눗셈식을 써 보세요.

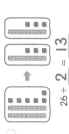

1) 26÷ 2 = 13

2) 63÷ 3 = 21

3) 48÷ 4 = 12

4) 62÷ 2 = 31

7 똑같이 나누어 색칠하고 나눗셈의 몫을 구해 보세요. ＊색칠하는 방법은 여러 가지가 있습니다.

1) 96÷3= 32

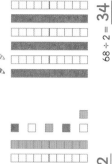

2) 68÷2= 34

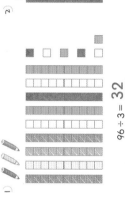

3) 84÷4= 21

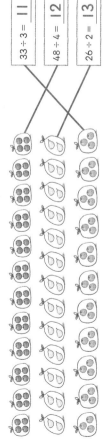
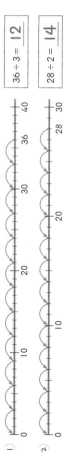
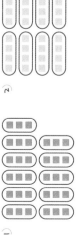

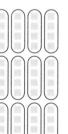

매스티안 사고력연산 EGG 3-5

나머지가 없는 (몇십몇)÷(몇)의 이해

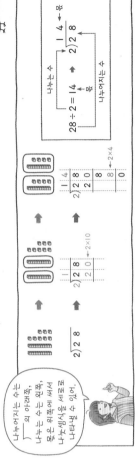

나머지가 없는 (몇십몇)÷(몇)

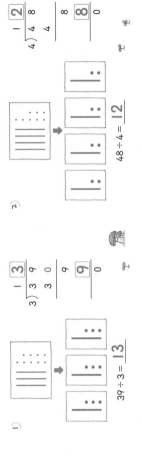
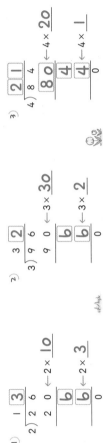

매스티안 사고력연산 EGG **3-5**

나머지가 없는 (몇십몇)÷(몇)

EGG

1 잘못된 곳을 찾아 바르게 계산해 보세요.

1)
```
    3 0        3 1
2 ) 6 2      2 ) 6 2
    6            6
    2            2
    2            0
```

2)
```
    2          2 2
4 ) 8 8      4 ) 8 8
    8            8
    8            8
               8
               0
```

묶은 ⌐의 위쪽에 써야 해.

2

1) 93÷3 = **31**
```
3 ) 9 3
    9
    3
    3
    0
```

90÷3, 3÷3

2) 55÷5 = **11**
```
5 ) 5 5
    5
    5
    5
    0
```

3) 66÷3 = **22**
```
3 ) 6 6
    6
    6
    6
    0
```

4) 64÷2 = **32**
```
2 ) 6 4
    6
    4
    4
    0
```

3 나눗셈의 몫을 찾아 ○표 하세요.

1) 96÷3 = (32) 33 34
2) 84÷2 = 24 44 (42)
3) 33÷3 = (11) 22 33
4) 48÷4 = (12) 13 14
5) 84÷4 = (21) 22 33
6) 88÷2 = 88 (44) 22
7) 99÷9 = 10 (11) 12
8) 84÷2 = 24 (42)
9) 39÷3 = (13) 14 15
10) 82÷2 = 19 20 (21)
11) 68÷2 = (34)

4 계산 결과를 찾아 차례대로 점을 이어 그림을 완성해 보세요.

1) 36÷3 = 12
2) 69÷3 = 23
3) 86÷2 = 43
4) 48÷2 = 24
5) 84÷4 = 21
6) 88÷4 = 22
7) 99÷3 = 33
8) 84÷2 = 42
9) 39÷3 = 13
10) 82÷2 = 41
11) 68÷2 = 34
12) 77÷7 = 11

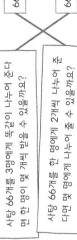

나머지가 없는 (몇십몇)÷(몇)

5

1) ÷3

93	31
66	22
36	12

2) ÷2

28	14
46	23
88	44

3) ÷4

48	12
84	21
44	11

4) ÷3

69	23
33	11
99	33

5) ÷2

22	11
82	41
68	34

6 몫이 같은 것끼리 선으로 이어 보세요.

96÷3 = 32
39÷3 = 13
66÷2 = 33
24÷2 = 12
42÷2 = 21
88÷8 = 11

63÷3
64÷2
26÷2
99÷3
55÷5
48÷4

7 관계있는 것끼리 선으로 잇고 빈칸에 알맞은 수를 써넣으세요.

사탕 66개를 3명에게 똑같이 나누어 준다면 한 명이 몇 개씩 받을 수 있을까요?

66÷2 = **33**

사탕 66개를 한 명에게 2개씩 나누어 준다면 몇 명에게 나누어 줄 수 있을까요?

66÷3 = **22**

33명에게 나누어 줄 수 있어요.

한 명이 22개씩 받을 수 있어요.

8

1) 학생 84명을 4모둠으로 똑같이 나누려고 해요. 한 모둠은 몇 명씩 될까요?

```
      2 1
4 ) 8 4      84 ÷ 4 = 21
    8
    4
    4
    0
```

21명

2) 쿠키 36개를 한 명에게 3개씩 나누어 주려고 해요. 쿠키를 몇 명에게 나누어 줄 수 있을까요?

```
      1 2
3 ) 3 6      36 ÷ 3 = 12
    3
    6
    6
    0
```

12명

매스티안 사고력연산 EGG 3-5

EGG 나머지가 없는 (몇십몇)÷(몇)

1 옳은 식에 ∨표 하고, 잘못된 식은 답을 바르게 고쳐 보세요.

1)
- ∨ 63÷3 = 21
- 55÷5 = ~~11~~ **12**
- 62÷2 = 31
- 48÷4 = ~~11~~ **12**
- ∨ 66÷6 = 11
- ∨ 86÷2 = 43

2)
- 44÷2 = ~~22~~ **22**
- 93÷3 = ~~31~~ **31**
- ∨ 68÷2 = 34
- ∨ 96÷3 = 32
- 88÷4 = ~~22~~ **22**
- 24÷2 = 12

3)
- ∨ 69÷3 = 23
- 66÷2 = ~~33~~ **33**
- 36÷3 = ~~8~~ **12**
- ∨ 48÷2 = 24
- ∨ 77÷7 = 11
- 84÷4 = ~~21~~ **21**

2 몫이 다른 하나를 찾아 ×표 하세요.

1)
- 88÷8 = 11
- 66÷6 = 11
- × 26÷2 = 13
- 44÷2 = 22

2)
- 99÷9 = 11
- 63÷3 = 21
- × 48÷2 = 24
- ~~77÷7~~ 77÷7 = 11

3)
- 66÷3 = 22
- × 39÷3 = 13
- 24÷2 = 12
- 36÷3 = 12

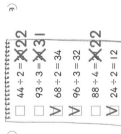

3 사과 36개와 귤 33개가 있어요. 3명에게 똑같이 나누어 준다면 한 명에게 과일을 몇 개씩 줄 수 있는지 구해 보세요.

1) 한 명에게 줄 수 있는 사과와 귤은 각각 몇 개일까요?
식 36÷3=12 답 12 개
식 33÷3=11 답 11 개

2) 한 명에게 줄 수 있는 과일은 모두 몇 개일까요?
식 12+11=23 답 23 개

3) 한 명에게 줄 수 있는 과일의 수를 다른 방법으로 구해 보세요.
식 36+33=69, 69÷3=23 답 23 개

4 1) 콩 주머니 48개를 남학생 2명과 여학생 2명에게 똑같이 나누어 주려고 해요. 한 명에게 줄 수 있는 콩 주머니는 몇 개일까요?
(2+2=4,)
식 48÷4=12 답 12 개

2) 노란색 단추 20개와 파란색 단추 19개가 있어요. 단추를 한 명에게 3개씩 나누어 주면 몇 명에게 줄 수 있을까요?
(20+19=39,)
식 39÷3=13 답 13 명

나머지가 없는 (몇십몇)÷(몇)

5 몫의 크기를 비교하여 ○ 안에 >, =, <를 알맞게 써넣으세요.

1) 84÷2 ⃝> 93÷3
   42   31

2) 44÷4 ⃝< 36÷3
   11   12

3) 88÷8 ⃝= 36÷3
   11   12

4) 44÷2 ⃝< 69÷3
   22   23

5) 42÷2 ⃝= 84÷4
   21   21

6) 28÷2 ⃝> 55÷5
   14   11

6 친구들이 좋아하는 수를 나눗셈식으로 나타내고 친구들이 좋아하는 수가 가장 큰 친구에 ○표, 가장 작은 수인 친구에 △표 하세요.

 내가 좋아하는 수는 68을 2로 나눈 수예요.
68÷2=34

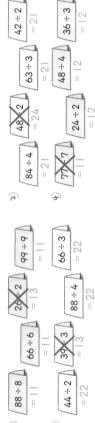 내가 좋아하는 수는 88을 4로 나눈 수예요.
88÷4=22

내가 좋아하는 수는 77을 7로 나눈 수예요.
77÷7=11

내가 좋아하는 수는 96을 3으로 나눈 수예요.
96÷3=32

내가 좋아하는 수는 39를 3으로 나눈 수예요.
39÷3=13

7 나눗셈의 몫이 작은 것부터 차례대로 이어 보세요.

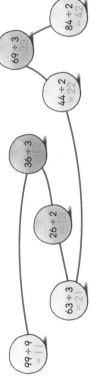

- 99÷9 = 11
- 36÷3 = 12
- 26÷2 = 13
- 63÷3 = 21
- 44÷2 = 22
- 69÷3 = 23
- 84÷2 = 42

8 몫이 20보다 작은 것은 연두색, 20보다 큰 것은 분홍색으로 칠해 보세요.

 93÷3 = 31

 28÷2 = 14

39÷3 = 13

 66÷6 = 11

 64÷2 = 32

46÷2 = 23

 82÷2 = 41

48÷4 = 12

24÷2 = 12

88÷4 = 22

정답 매스티안 사고력연산 EGG 3-5

EGG 1 나머지가 없는 (몇십몇)÷(몇)

1 규칙을 찾아 빈칸에 알맞은 수를 써넣고 물음에 답하세요.

1)
$30 ÷ 3 = 10$
$33 ÷ 3 = 11$
$36 ÷ 3 = 12$
$39 ÷ 3 = 13$

2)
$28 ÷ 2 = 14$
$26 ÷ 2 = 13$
$24 ÷ 2 = 12$
$22 ÷ 2 = 11$

3)
$11 ÷ 1 = 11$
$22 ÷ 2 = 11$
$33 ÷ 3 = 11$
$44 ÷ 4 = 11$

4)
$48 ÷ 4 = 12$
$36 ÷ 3 = 12$
$24 ÷ 2 = 12$
$12 ÷ 1 = 12$

5) 1~4 중에서 어느 것을 설명하고 있나요? 그때 몫은 어떻게 되는지 써 보세요.

첫 번째 수는 11씩 커지고, 두 번째 수는 1씩 커져요. → __3__
그래서 몫은 __11이에요.__

첫 번째 수는 2씩 작아지고, 두 번째 수는 항상 2예요. → __2__
그래서 몫은 __1씩 작아져요.__

2 관계있는 것끼리 선으로 이어 계산을 해 보세요.

1)
$66 ÷ 3 = 22$
$63 ÷ 3 = 21$
$48 ÷ 4 = 12$
$69 ÷ 3 = 23$
$64 ÷ 2 = 32$
$66 ÷ 2 = 33$
$44 ÷ 4 = 11$
$40 ÷ 4 = 10$
$68 ÷ 2 = 34$

2)
$44 ÷ 2 = 22$
$24 ÷ 2 = 12$
$36 ÷ 3 = 12$
$63 ÷ 3 = 21$
$12 ÷ 1 = 12$
$66 ÷ 3 = 22$
$88 ÷ 4 = 22$
$84 ÷ 4 = 21$
$42 ÷ 2 = 21$

3 규칙을 찾아 빈칸에 알맞은 수를 써넣으세요.

$66÷6$ → 11 / 66 / 6 / 33
99 / 3 / 9 / 33 ... 3
84 / 4 / 2 / 42 ... 2
44 / 4 / 2 / 22 ... 2

나머지가 없는 (몇십몇)÷(몇)

4 주어진 숫자 카드를 사용하여 옳은 식을 각각 완성해 보세요.

1) 카드 4, 6, 2, 8
$48 ÷ 2 = 24$
$6 ÷ 3 = 22$ (카드 3, 6, 6)

2) 카드 6, 9, 3
$6 ÷ 3 = 32$
$9 ÷ 3 = 32$

3) 카드 9, 3
$86 ÷ 2 = 43$
$8 ÷ 4 = 22$ (카드 4, 8, 8)

4) 카드 2, 8
$36 ÷ 3 = 12$
$8 ÷ 2 = 42$
$93 ÷ 3 = 31$

5 큰 수를 작은 수로 나눈 몫이 같도록 둘씩 짝짓고, 세로로 계산해 보세요.

1) 39, 48, 2, 26, 3
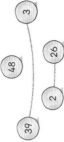
$3)\overline{39} = 13$
$2)\overline{26} = 13$

2) 84, 63, 42, 4, 3

$3)\overline{63} = 21$
$4)\overline{84} = 21$

6 같은 모양은 같은 숫자를 나타내요. 각 모양에 알맞은 숫자를 구하여 나눗셈의 몫을 구해 보세요.

1)
❋❋ ÷ 8 = 11
▲▲ ÷ 4 = 11
→ ❋8, ▲4
→ ▲❋ ÷ 4 = 12

2)
❤❤ ÷ 2 = 33
◆◆ ÷ 4 = 21
→ ❤6, ◆8, ◆4
→ ❤◆ ÷ 2 = 32

3)
✖✖ ÷ 2 = 32
❧❧ ÷ 9 = 11
→ ❧6, ✖4, ✖9
→ ■❧ ÷ 3 = 23

매스티안 사고력연산 EGG 3-5

내림이 있고 나머지가 없는 (몇십몇)÷(몇)의 이해

1) 34÷2 = 17

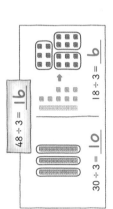

2) 45÷3 = 15

2 똑같이 3묶음으로 나누면 한 묶음은 몇 개일까요?

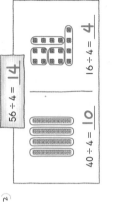

그림을 보고 묶음을 나눗셈의 몫을 구해 봐.

* 묶는 방법은 여러 가지가 있습니다.

1) 33÷3 = 11
2) 36÷3 = 12
3) 54÷3 = 18
4) 48÷3 = 16

3 관계있는 것끼리 선으로 잇고 빈칸에 알맞은 수를 써넣으세요.

52÷4 = 13
60÷5 = 12
42÷3 = 14

4 그림을 보고 나눗셈식으로 나타내어 보세요.

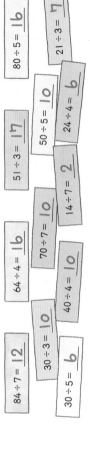

1) 32÷2 = 16
2) 72÷6 = 12

여러 가지 방법으로 계산하기

먼저 30을 3으로 나누면 15가 남아.

45를 3으로 나눌 수 있어.

45÷3의 묶음은 10+5로 구할 수 있어.

45÷3 = 15
30÷3 = 10
15÷3 = 5

1)
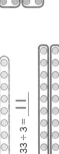

48÷3 = 16
30÷3 = 10
18÷3 = 6

56÷4 = 14
40÷4 = 10
16÷4 = 4

2)

÷6	
12	2
36	6
18	3
24	4
60	10

1) 72÷6 = 12 / 60÷6 = 10 / 12÷6 = 2
2) 96÷6 = 16 / 60÷6 = 10 / 36÷6 = 6
3) 78÷6 = 13 / 60÷6 = 10 / 18÷6 = 3
4) 84÷6 = 14 / 60÷6 = 10 / 24÷6 = 4
5) 66÷6 = 11 / 60÷6 = 10 / 6÷6 = 1
6) 90÷6 = 15 / 60÷6 = 10 / 30÷6 = 5

3 관계있는 식끼리 같은 색으로 칠하고 나눗셈을 해 보세요.

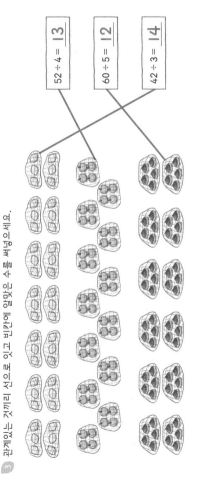

84÷7 = 12
30÷3 = 10
30÷5 = 6
51÷3 = 17
50÷5 = 10
24÷4 = 6
80÷5 = 16
21÷3 = 7
64÷4 = 16
70÷7 = 10
14÷7 = 2
40÷4 = 10
30÷5 = 6

정답 매스티안 사고력연산 EGG 3-5

여러 가지 방법으로 계산하기

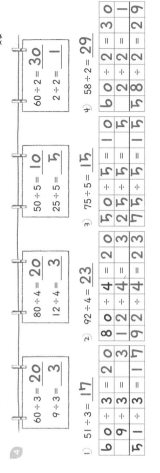

84를 90－6으로 생각해서 구할 수도 있어.

84를 30＋30＋24로 생각해서 풀 수 있어.

84 ÷ 3

84 ÷ 3 = 28
90 ÷ 3 = 30
6 ÷ 3 = 2

84 ÷ 3 = 28
30 ÷ 3 = 10
30 ÷ 3 = 10
24 ÷ 3 = 8

1 주어진 방법으로 계산해 보세요.

1)
92 ÷ 4 = 23
40 ÷ 4 = 10
40 ÷ 4 = 10
12 ÷ 4 = 3

75 ÷ 3 = 25
30 ÷ 3 = 10
30 ÷ 3 = 10
15 ÷ 3 = 5

2)
81 ÷ 3 = 27
30 ÷ 3 = 10
30 ÷ 3 = 10
21 ÷ 3 = 7

3)
52 ÷ 2 = 26
20 ÷ 2 = 10
20 ÷ 2 = 10
12 ÷ 2 = 6

2 주어진 방법으로 계산해 보세요.

1)
56 ÷ 2 = 28
60 ÷ 2 = 30
4 ÷ 2 = 2

72 ÷ 4 = 18
80 ÷ 4 = 20
8 ÷ 4 = 2

2)
87 ÷ 3 = 29
90 ÷ 3 = 30
3 ÷ 3 = 1

3)
76 ÷ 4 = 19
80 ÷ 4 = 20
4 ÷ 4 = 1

84를 40＋44로 생각해서 계산할 수 있어.

3 관계있는 것끼리 선으로 잇고 나눗셈을 해 보세요.

54 ÷ 2 = 27	16 ÷ 4 = 4	80 ÷ 2 = 40
96 ÷ 4 = 24	18 ÷ 3 = 6	40 ÷ 2 = 20
78 ÷ 3 = 26	14 ÷ 2 = 7	80 ÷ 4 = 20
92 ÷ 2 = 46	12 ÷ 2 = 6	60 ÷ 3 = 20

여러 가지 방법으로 계산하기

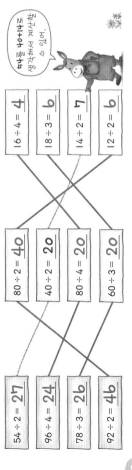

4

60 ÷ 3 = 20
9 ÷ 3 = 3

80 ÷ 4 = 20
12 ÷ 4 = 3

50 ÷ 5 = 10
25 ÷ 5 = 5

60 ÷ 2 = 30
2 ÷ 2 = 1

1) 51 ÷ 3 = 17
5 0 ÷ 3 = 2 0
9 ÷ 3 = 3
5 1 ÷ 3 = 1 7

2) 92 ÷ 4 = 23
8 0 ÷ 4 = 2 0
1 2 ÷ 4 = 3
9 2 ÷ 4 = 2 3

3) 75 ÷ 5 = 15
5 0 ÷ 5 = 1 0
2 5 ÷ 5 = 5
7 5 ÷ 5 = 1 5

4) 58 ÷ 2 = 29
6 0 ÷ 2 = 3 0
2 ÷ 2 = 1
5 8 ÷ 2 = 2 9

5 □ 안에 알맞은 숫자를 써넣으세요.

1)
5 4 ÷ 3 = 1 8
3 0 ÷ 3 = 1 0
2 4 ÷ 3 = 8

2)
7 2 ÷ 2 = 3 6
8 0 ÷ 2 = 4 0
8 ÷ 2 = 4

3)
9 6 ÷ 6 = 1 6
6 0 ÷ 6 = 1 0
3 6 ÷ 6 = 6

6 바르게 계산한 것을 모두 찾아 ○표 하고, 잘못된 것은 바르게 계산해 보세요.

74 ÷ 2 = 37
60 ÷ 2 = 30
14 ÷ 2 = 7

52 ÷ 4 = 18
40 ÷ 4 = 10
12 ÷ 4 = 8

57 ÷ 3 = 21
60 ÷ 3 = 20
3 ÷ 3 = 1

36 ÷ 2 = 18
40 ÷ 2 = 20
4 ÷ 2 = 2

5 2 ÷ 4 = 1 3
4 0 ÷ 4 = 1 0
1 2 ÷ 4 = 3

5 7 ÷ 3 = 1 9
6 0 ÷ 3 = 2 0
3 ÷ 3 = 1

7 두 가지 방법으로 나눗셈을 해 보세요.

* 제시된 답 이외에도 여러 가지 방법으로 풀 수 있습니다.

1) 81 ÷ 3 = 27
60 ÷ 3 = 20	90 ÷ 3 = 30
21 ÷ 3 = 7	9 ÷ 3 = 3

2) 76 ÷ 2 = 38
60 ÷ 2 = 30	80 ÷ 2 = 40
16 ÷ 2 = 8	4 ÷ 2 = 2

내림이 있는 (몇십몇)÷(몇)

4

1) $54 \div 2 = 27$

2) $75 \div 5 = 15$

3) $91 \div 7 = 13$

5 잘못된 곳을 찾아 바르게 계산해 보세요.

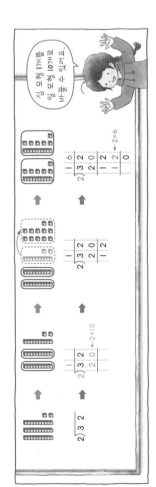

6 ☐ 안에 알맞은 수자를 써넣어 봐.

7

$56 \div 4 = 14$

$4 \times 1 = 4$
$16 \div 4 = 4$
$4 \times 4 = 16$

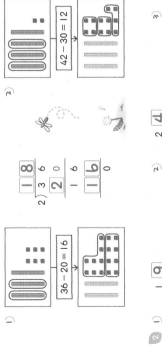

내림이 있는 (몇십몇)÷(몇)

1 그림을 보고 빈칸에 알맞은 수를 써넣으세요.

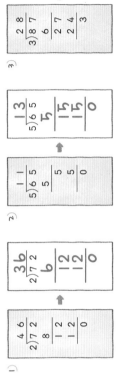

2

3

내림이 있는 (몇십몇)÷(몇)

1 나눗셈의 몫을 찾아 같은 색으로 칠해 보세요.

78÷6　48÷3　54÷3　52÷4　64÷4　65÷5　13　16　18　72÷4　32÷2　91÷7　36÷2

2 1) 색종이 75장을 3명에게 똑같이 나누어 주려고 해요. 한 명에게 몇 장씩 줄 수 있을까요?

식 75÷3=25　답 25 장

2) 딸기 98개를 한 접시에 7개씩 담으려고 해요. 접시는 몇 개가 필요할까요?

식 98÷7=14　답 14 개

3 주어진 식에 맞는 내용을 찾아 ▽표 하고 계산해 보세요.

1) 34÷2 = 17

□ 사탕 34개 중에서 2개를 먹었어요.

▽ 사탕 34개를 2명에게 똑같이 나누어 먹었어요.

□ 줄넘기를 하루에 34개씩 2일 동안 했어요.

2) 95÷5 = 19

▽ 색종이 34장을 2명이 똑같이 나누어 가졌어요.

□ 젤리 95개 중에서 5개를 먹었어요.

□ 기차에 95명의 승객이 있는데 5명이 더 탔어요.

▽ 95명의 학생이 5명씩 한 모둠이 되어 배를 탔어요.

4

1) ÷4
56	14
64	16
76	19
92	23

2) ÷3
51	17
42	14
78	26
87	29

3) ÷6
78	13
96	16
84	14
72	12

4) ÷2
76	38
38	19
92	46
54	27

내림이 있는 (몇십몇)÷(몇)

5 몫이 같은 것끼리 선으로 이어 보세요.

96÷8=12　85÷5=17　95÷5=19

68÷4　78÷6=13

65÷5　84÷7　57÷3

6 몫이 다른 하나를 찾아 ○표 하세요.

1) 78÷3 =26　52÷2 =26　⊙92÷4 =23

2) 84÷3 =28　⊙81÷3 =27　56÷2 =28

7 만들 수 있는 나눗셈식을 모두 쓰고 계산해 보세요.

78　96　6　3　2

78÷6=13　96÷6=16

78÷3=26　96÷3=32

78÷2=39　96÷2=48

8 한 봉지에 25개씩 들어 있는 쿠키가 3봉지 있어요. 쿠키를 5명이 똑같이 나누어 먹는다면 한 명이 몇 개씩 먹을 수 있을까요?

		2	5		
	×		3		
		7	5		

	5		1	5
5	)	7	5	
		5		
		2	5	
		2	5	
			0	

15 개

9 알맞은 식 2개를 찾아 선으로 잇고 문제를 해결해 보세요.

1) 한 봉지에 24개씩 들어 있는 빵이 3봉지 있어요. 한 명에게 2개씩 나누어 주면 모두 몇 명에게 나누어 줄 수 있을까요?

36 명

24×3 = 72　72÷2 = 36

2) 한 상자에 36개씩 들어 있는 귤이 2상자 있어요. 3명이 똑같이 나누어 가지면 한 명이 몇 개씩 가질 수 있을까요?

24 개

36×2 = 72　72÷3 = 24

3) 버스 2대에 24명씩 타고 있어요. 과자를 3명당 1봉지씩 나누어 주려면 과자는 모두 몇 봉지가 필요할까요?

16 봉지

24×2 = 48　48÷3 = 16

매스티안 사고력연산 EGG 3-5

EGG 내림이 있는 (몇십몇)÷(몇)

1)
34÷2 (<) 20 … 17
84÷3 (<) 30 … 28
96÷4 (=) 24 … 24
75÷5 (>) 13 … 15

2)
15 96÷8 (>) … 12
20 87÷3 (<) … 29
15 52÷4 (>) … 13
30 72÷2 (<) … 36

3)
54÷3 (>) 80÷5 … 18, 16
56÷4 (=) 98÷7 … 14, 14
92÷4 (<) 52÷2 … 23, 26
65÷5 (>) 84÷7 … 13, 12

72÷6=12
78÷6=13
84÷6=14

51÷3=17
48÷3=16
45÷3=15

22÷2=11
44÷2=22
88÷2=44

66÷6=11
66÷3=22
66÷2=33

72÷6=12
72÷4=18
72÷6=12

3 규칙을 찾아 빈칸에 알맞은 수를 써넣고 물음에 답하세요.

1)
55÷5=11
65÷5=13
75÷5=15
85÷5=17
95÷5=19

2)
84÷3=28
81÷3=27
78÷3=26
75÷3=25
72÷3=24

3)
39÷3=13
52÷4=13
65÷5=13
78÷6=13
91÷7=13

4)
24÷2=12
39÷3=13
56÷4=14
75÷5=15
96÷6=16

4 (1)~(4) 중에서 어느 것을 설명하고 있는지 찾아 □ 안에 쓰고, 빈칸에 알맞은 말을 써넣으세요.

"첫 번째 수는 8씩 커지고,
두 번째 수는 항상 4예요.
그래서 몫은 2 씩 커져요."

**5 규칙에 맞게 나눗셈식을 완성하고
써 보세요.**

56÷4=14
64÷4=16
72÷4=18
80÷4=20
88÷4=22

첫 번째 수는 3씩 작아지고,
두 번째 수는 항상 3이에요.

그래서 몫은 1씩 작아져요.

내림이 있는 (몇십몇)÷(몇)

4 수 카드 3장을 골라 옳은 식을 만들어 보세요.

1)
11 3 48 16
48÷3=16

2)
27 3 81 7
81÷3=27

3)
4 72 6 18
72÷4=18

4)
13 9 7 91
91÷7=13

5 수 카드 4장을 골라 2개의 식을 완성해 보세요.

1)
95 5 6 4 68
95÷5=19
68÷4=17

2)
84 3 4 64 6
84÷6=14
64÷4=16

3)
72 2 78 36 6
78÷6=13
36÷2=18

6 숫자 하나를 지워서 옳은 식을 만들어 보세요.

1)
57÷3✗=19 → 57÷3=19

2)
8✗5÷5=17 → 85÷5=17

3)
96÷2=✗48 → 96÷2=48

7 숫자 카드 3장을 골라 조건에 맞는 (두 자리 수)÷(한 자리 수)의 나눗셈식을 만들고 계산해 보세요.

2 3 4
5 6 7

1) 몫이 가장 큰 식
76÷4 … 사과

2) 몫이 가장 작은 식
76÷2=38

2 4 6 = 4

8 주어진 단어를 사용하여 식에 맞는 문제를 만들고, 답을 구해 보세요.

98÷7 … 지우개

문제 지우개 98개를 한 명에게 7개씩 나누어 주면 몇 명에게 나누어 줄 수 있을까요?

답 14명

문제 사과 76개를 4명에게 똑같이 나누어 주면 한 명에게 몇 개씩 줄 수 있을까요?

답 19개

매스티안 사고력연산 EGG 3-5

나머지가 있는 (몇십몇)÷(몇)의 이해

우리 똑같이 나누어 먹자.

10개를 3명이 나누어 먹을 수가 없어. 10은 3의 단에 없는 수야.

각각 3개씩 먹으면 1개가 남아.

$10 ÷ 3 = 3 \cdots 1$
몫
나머지

$$10 ÷ 3 = 3 \cdots 1 \begin{matrix} \leftarrow 몫 \\ \leftarrow 나머지 \end{matrix}$$

10을 3으로 나누면
몫은 3이고, 1이 남습니다.
이때 1을 10÷3의 나머지라고 합니다.

1 사탕을 접시에 똑같이 나누어 담으려고 해요. ○를 그려서 똑같이 나누어 보고 빈칸에 알맞은 수를 써넣으세요.

1)

한 접시에 **4** 개씩 담을 수 있고,
2 개가 남아요.

$14 ÷ 3 = 4 \cdots 2$

2)

한 접시에 **3** 개씩 담을 수 있고,
1 개가 남아요.

$13 ÷ 4 = 3 \cdots 1$

2 쿠키를 4명이 똑같이 나누어 가진다면 한 명이 몇 개씩 가질 수 있고, 몇 개가 남을까요?

1)

한 명이 **3** 개씩 가질 수 있고,
2 개가 남아요.

$14 ÷ 4 = 3 \cdots 2$

2)

한 명이 **4** 개씩 가질 수 있고,
1 개가 남아요.

$17 ÷ 4 = 4 \cdots 1$

3)

한 명이 **5** 개씩 가질 수 있고,
3 개가 남아요.

$23 ÷ 4 = 5 \cdots 3$

3)

1)

$23 ÷ 5 = 4 \cdots 3$

2)

$20 ÷ 6 = 3 \cdots 2$

3)

$17 ÷ 2 = 8 \cdots 1$

* 몫은 양쪽은 여러 가지가 있습니다.

나머지가 있는 (몇십몇)÷(몇)의 이해

4 빈칸에 알맞은 수 또는 말을 써넣으세요.

1)
$20 ÷ 8 = 2 \cdots 4$
20을 8로 나누면 **몫** 은
2이고, 4가 남아요.
이때 4를 **나머지** 라고 해요.

2)
$37 ÷ 7 = 5 \cdots 2$
37을 7로 나누면
몫은 **5** 이고,
나머지는 **2** 예요.

3)
$55 ÷ 6 = 9 \cdots 1$
55를 6으로 나누면
몫은 **9** 이고,
나머지는 **1** 이에요.

5 빵 15개를 친구들이 똑같이 나누어 가진다면 한 명이 몇 개씩 먹을 수 있고, 몇 개가 남을까요?

2명	$15 ÷ 2 = 7 \cdots 1$	→	한 명이 **7** 개씩 먹을 수 있고, **1** 개가 남아요.
3명	$15 ÷ 3 = 5$	→	한 명이 **5** 개씩 먹을 수 있고, **0** 개가 남아요.
4명	$15 ÷ 4 = 3 \cdots 3$	→	한 명이 **3** 개씩 먹을 수 있고, **3** 개가 남아요.
5명	$15 ÷ 5 = 3$	→	한 명이 **3** 개씩 먹을 수 있고, **0** 개가 남아요.
6명	$15 ÷ 6 = 2 \cdots 3$	→	한 명이 **2** 개씩 먹을 수 있고, **3** 개가 남아요.

나머지가 없으면 나머지가 0이라고 말할 수 있어. 나머지가 0일 때, '나누어떨어진다'고 해.

6 식에 맞게 그림을 묶어서 계산을 하고, 나누어떨어지는 것에 ☑표 하세요.

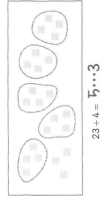

☑

$23 ÷ 4 = 5 \cdots 3$

$27 ÷ 3 = 9$

☑

$25 ÷ 8 = 3 \cdots 1$

$35 ÷ 7 = 5$

정답

매스티안 사고력연산 EGG 3-5

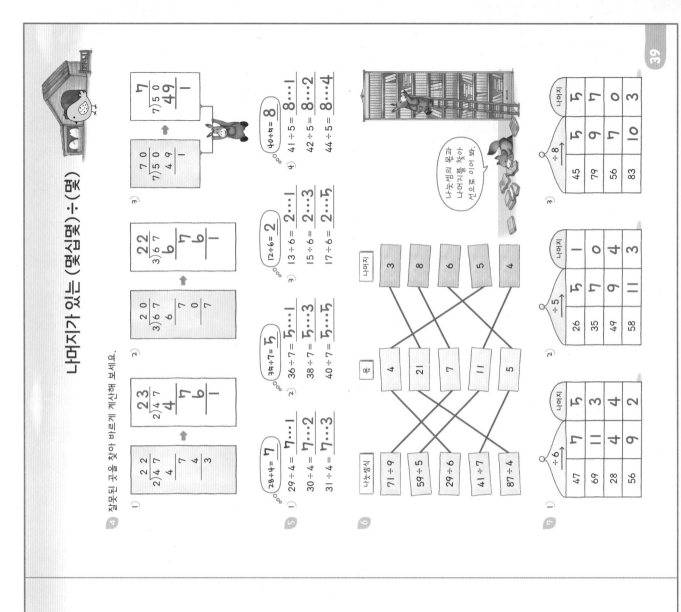

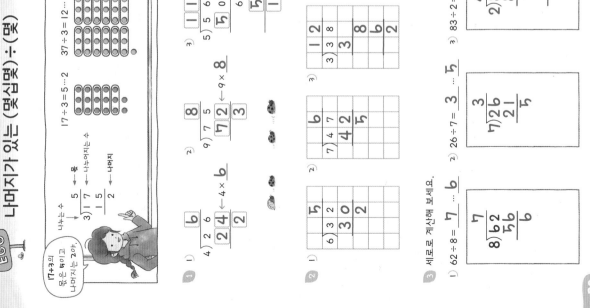

나머지가 있는 (몇십몇) ÷ (몇)

EGG 나머지가 있는 (몇십몇)÷(몇)

1 나눗셈의 몫과 나머지를 찾아 같은 색으로 칠해 보세요.

| 13÷2 | 26÷7 | 31÷4 |
| 46÷2 | 43÷9 | 38÷3 |

| 몫 | 3 | 7 | 4 | 6 | 23 | 12 |
| 나머지 | 0 | 1 | 2 | 5 | 3 | 7 |

2 □ 안의 수를 2, 3, 4, 5로 각각 나누어 보세요.

1)
16 →

| 1 6 ÷ 2 = 8 | |
| 1 6 ÷ 3 = 5 ··· 1 |
| 1 6 ÷ 4 = 4 | |
| 1 6 ÷ 5 = 3 ··· 1 |

2)
26 →

| 2 6 ÷ 2 = 1 3 |
| 2 6 ÷ 3 = 8 ··· 2 |
| 2 6 ÷ 4 = 6 ··· 2 |
| 2 6 ÷ 5 = 5 ··· 1 |

3

1)

÷	48	42	25
4	12	10···2	6···1
5	9···3	8···2	5
6	8	7	4···1

2)

÷	15	63	64
3	5	21	21···1
7	2···1	9	9···1
8	1···7	7···7	8

4 관계있는 것끼리 선으로 잇고 빈칸에 알맞은 수를 써넣으세요.

꽃 44송이를 5송이씩 묶어 꽃다발을 만들어요.
→ 한 명에게 **5** 개씩 줄 수 있고, **5** 개가 남아요.

달걀 63개를 한 상자에 6개씩 담아요.
→ 한 봉지에 **7** 개씩 담을 수 있고, **2** 개가 남아요.

야구공 40개를 7명에게 똑같이 나누어 주어요.
→ 꽃다발을 **8** 개 만들 수 있고, **4** 송이가 남아요.

레몬 51개를 7개에 똑같이 나누어 담아요.
→ 달걀을 **10** 상자 담을 수 있고, **3** 개가 남아요.

| 63÷6 |
| 40÷7 |
| 44÷5 |
| 51÷7 |

나머지가 있는 (몇십몇)÷(몇)

5 나눗셈의 나머지를 찾아 알맞은 글자를 써 보세요.

| 해 34÷3 | 은 79÷9 = 8···7 | 을 69÷7 = 9···6 |
| 삿 28÷5 = 5···3 | 가 44÷9 = 4···8 | 관 32÷7 = 4···4 |

| 4 | 7 | 8 | 6 | 1 | 3 |
| 관 | 은 | 가 | 을 | 삿 | 해 |

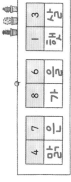

6 나머지가 3인 식을 모두 찾아 색칠해 보세요.

 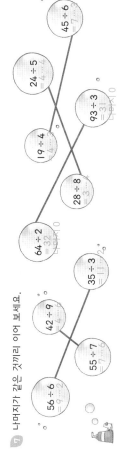

58÷5 / 49÷4 = 12···1 / 33÷6 / 87÷4 / 20÷7 = 2···6 / 25÷7 / 18÷5 = 3···3 / 30÷9

7 나머지가 같은 것끼리 이어 보세요.

24÷5 = 4···4 / 19÷4 = 4···3 / 93÷3 = 31 / 45÷6 / 28÷8 = 3···4 / 64÷2 = 32 / 35÷3 = 11···2 / 55÷7 = 7···6 / 56÷6 = 9···2 / 42÷9 = 4···6

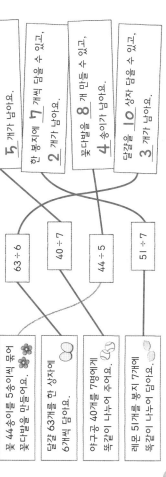

8 나머지가 가장 큰 식을 찾아 O표 하세요.

1)

27÷5 = 5···2	74÷9 = 8···2	34÷6 = 5···4
75÷7 = 10···5	**47÷8** = 5···7	38÷5 = 7···3
68÷6 = 11···2	73÷8 = 9···1	23÷4 = 5···3

2) **67÷7** = 9···4

9 나머지가 작은 식부터 차례대로 이어 보세요.

42÷2 = 21 / 27÷6 = 4···3 / 20÷9 = 2···2 / 74÷7 = 10···4 / 33÷4 = 8···1 / 69÷8 = 8···5

매스티안 사고력연산 EGG 3-5

나머지가 될 수 있는 수

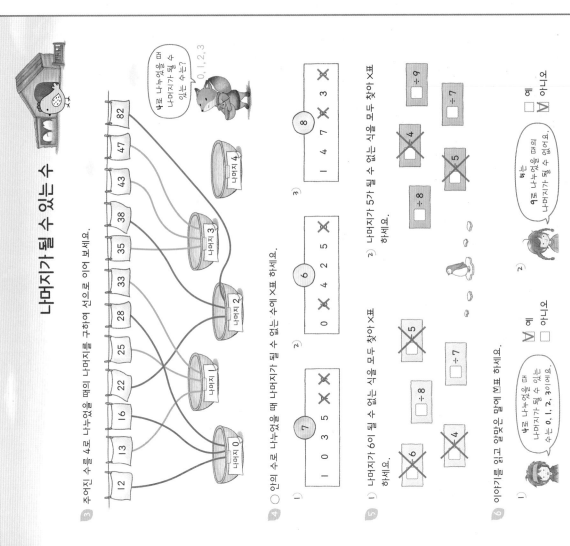

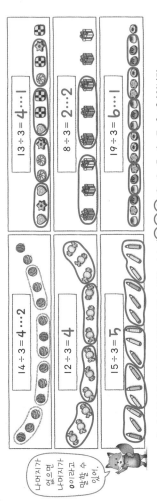
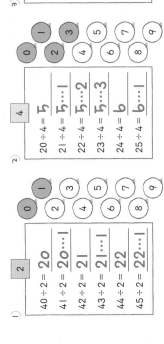
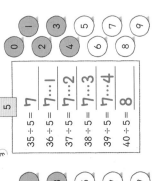

나머지가 있는 (몇십몇)÷(몇)의 활용

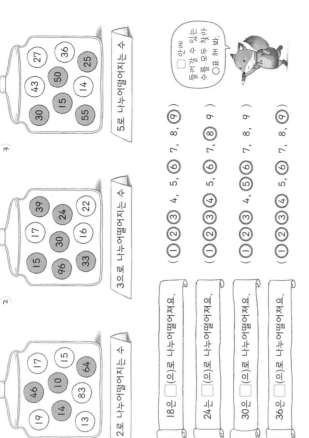

5 조건에 맞는 수를 모두 찾아 색칠해 보세요.

2로 나누어떨어지는 수

3으로 나누어떨어지는 수

5로 나누어떨어지는 수

6 안에 들어갈 수 있는 수를 모두 찾아 ○표 해 보세요.

① 18은 ☐(으)로 나누어떨어져요.
(① ② ③ 4, 5, ⑥ 7, 8, 9)

② 24는 ☐(으)로 나누어떨어져요.
(① ② ③ ④ 5, ⑥ 7, 8, 9)

③ 30은 ☐(으)로 나누어떨어져요.
(① ② ③ 4, ⑤ ⑥ 7, 8, 9)

④ 36은 ☐(으)로 나누어떨어져요.
(① ② ③ ④ 5, ⑥ 7, 8, 9)

7 ☐ 안에 1부터 9까지의 숫자 중에서 어떤 숫자를 넣으면 나누어떨어질까요? 알맞은 숫자를 모두 찾아 써 보세요.

① ☐÷3 → **2, 5, 8**
② 6÷☐ → **1, 2, 3, 6**
③ 15÷☐ → **1, 3, 5**
④ 8÷2 → **2, 4, 6, 8**

8 수 카드 2장을 골라 옳은 식을 완성해 보세요.

① | 3 | 4 | 74 | 75 |
$75 \div 8 = 9 \cdots 3$

② | 2 | 3 | 4 | 5 |
$46 \div 4 = 11 \cdots 2$

③ | 2 | 3 | 44 | 46 |
$44 \div 7 = 6 \cdots 2$

④ | 2 | 3 | 4 | 5 |
$38 \div 3 = 12 \cdots 2$

⑤ | 5 | 6 | 33 | 38 |
$33 \div 5 = 6 \cdots 3$

⑥ | 3 | 4 | 14 | 29 |
$14 \div 4 = 3 \cdots 2$

나머지가 있는 (몇십몇)÷(몇)의 활용

매스티안 사고력연산 EGG 3-5   정답

EGG

젤리 30개를 유리병 4개에 똑같이 나누어 담으려고 해요. 병 하나에 젤리를 몇 개씩 담을 수 있고, 몇 개가 남을까요?

식 $30 \div 4 = 7 \cdots 2$
답 한 병에 **7** 개씩 담을 수 있고, **2** 개가 남아요.

책 68권을 책꽂이 6칸에 똑같이 나누어 꽂으려고 해요. 책꽂이 한 칸에 책을 몇 권씩 꽂을 수 있고, 몇 권이 남을까요?

식 $68 \div 6 = 11 \cdots 2$
답 한 칸에 **11** 권씩 꽂을 수 있고, **2** 권이 남아요.

2 성냥개비가 각각 ○ 안의 수만큼 있다면 주어진 모양을 몇 개 만들 수 있고, 몇 개의 성냥개비가 남을까요?

① 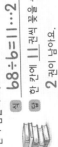 (39)
$39 \div 5 = 7 \cdots 4$
모양을 **7** 개 만들 수 있고, 성냥개비 **4** 개가 남아요.

② 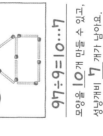 (66)
$66 \div 7 = 9 \cdots 3$
모양을 **9** 개 만들 수 있고, 성냥개비 **3** 개가 남아요.

③ 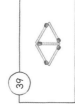 (97)
$97 \div 9 = 10 \cdots 7$
모양을 **10** 개 만들 수 있고, 성냥개비 **7** 개가 남아요.

3 ① 한 상자에 12개씩 들어 있는 자두가 5상자 있어요. 자두를 7명이 똑같이 나누어 먹는다면 한 명이 자두를 몇 개씩 먹을 수 있고, 몇 개가 남을까요?

식 $12 \times 5 = 60$, $60 \div 7 = 8 \cdots 4$
답 한 명이 **8** 개씩 먹을 수 있고, **4** 개가 남아요.

② 빨간색 구슬, 노란색 구슬, 파란색 구슬이 각각 15개씩 있어요. 구슬을 6명이 똑같이 나누어 가진다면 한 명이 구슬을 몇 개씩 가질 수 있고, 몇 개가 남을까요?

식 $15 \times 3 = 45$, $45 \div 6 = 7 \cdots 3$
답 한 명이 **7** 개씩 가질 수 있고, **3** 개가 남아요.

4 친구들이 좋아하는 수는 어떤 수일까요?

①
내가 좋아하는 수는 40과 50 사이의 수이고, 7로 나누면 나머지가 5인 수예요.
47
$47 \div 7 = 6 \cdots 5$

② 내가 좋아하는 수는 30과 40 사이의 수이고, 6으로 나누면 나머지가 3인 수예요.
39
$39 \div 6 = 6 \cdots 3$

③
내가 좋아하는 수는 60과 70 사이의 수이고, 8로 나누면 나머지가 4인 수예요.
68
$68 \div 8 = 8 \cdots 4$

매스티안 사고력연산 EGG 3-5

내림이 있고 나머지가 있는 (몇십몇)÷(몇)의 이해

1 같은 수만큼 묶어서 나눗셈의 몫과 나머지를 구해 보세요. *묶는 방법은 여러 가지가 있습니다.

1) $47 \div 3 = 15 \cdots 2$

2) $51 \div 2 = 25 \cdots 1$

3) $55 \div 4 = 13 \cdots 3$

2 그림을 보고 나눗셈의 몫과 나머지를 구해 보세요.

1) $39 \div 2 = 19 \cdots 1$

2) $44 \div 3 = 14 \cdots 2$

3 그림을 보고 빈칸에 알맞은 수를 써넣으세요.

1) $56 \div 3 = 18 \cdots 2$

2) $53 \div 2 = 26 \cdots 1$

4 식에 맞게 묶어서 나눗셈을 해 보세요. *묶는 방법은 여러 가지가 있습니다.

1) $33 \div 2 = 16 \cdots 1$
$20 \div 2 = 10$
$13 \div 2 = 6 \cdots 1$

2) $63 \div 4 = 15 \cdots 3$
$40 \div 4 = 10$
$23 \div 4 = 5 \cdots 3$

3) $52 \div 3 = 17 \cdots 1$
$30 \div 3 = 10$
$22 \div 3 = 7 \cdots 1$

내림이 있고 나머지가 있는 (몇십몇)÷(몇)의 이해

5 나눗셈을 해 보세요.

1) $77 \div 3 = 25 \cdots 2$
$30 \div 3 = 10$
$30 \div 3 = 10$
$17 \div 3 = 5 \cdots 2$

2) $99 \div 4 = 24 \cdots 3$
$40 \div 4 = 10$
$40 \div 4 = 10$
$19 \div 4 = 4 \cdots 3$

3) $59 \div 2 = 29 \cdots 1$
$20 \div 2 = 10$
$20 \div 2 = 10$
$19 \div 2 = 9 \cdots 1$

6

$40 \div 2 = 20$
$80 \div 2 = 40$

$30 \div 3 = 10$
$60 \div 3 = 20$

$40 \div 4 = 10$
$80 \div 4 = 20$

1) $20 \div 2 = 10$
$60 \div 2 = 30$

$76 \div 3 = 25 \cdots 1$
$60 \div 3 = 20$
$16 \div 3 = 5 \cdots 1$

2) $99 \div 2 = 49 \cdots 1$
$80 \div 2 = 40$
$19 \div 2 = 9 \cdots 1$

3) $93 \div 4 = 23 \cdots 1$
$80 \div 4 = 20$
$13 \div 4 = 3 \cdots 1$

4) $57 \div 2 = 28 \cdots 1$
$40 \div 2 = 20$
$17 \div 2 = 8 \cdots 1$

5) $88 \div 3 = 29 \cdots 1$
$60 \div 3 = 20$
$28 \div 3 = 9 \cdots 1$

6) $75 \div 2 = 37 \cdots 1$
$60 \div 2 = 30$
$15 \div 2 = 7 \cdots 1$

7

÷2	
12	6
16	8
18	9
20	10
60	30
80	40

표를 완성하여 나눗셈식을 고르고 몫과 나머지를 계산해 봐.

1) $37 \div 2$

÷	=	···
20 ÷ 2 = 10	
14 ÷ 2 = 7	
37 ÷ 2 = 18 ··· 1	

2) $79 \div 2$

÷	=	···
60 ÷ 2 = 30	
19 ÷ 2 = 9	
79 ÷ 2 = 39 ··· 1	

3) $73 \div 2$

÷	=	···
60 ÷ 2 = 30	
13 ÷ 2 = 6 ··· 1	
73 ÷ 2 = 36 ··· 1	

4) $97 \div 2$

÷	=	···
80 ÷ 2 = 40	
17 ÷ 2 = 8 ··· 1	
97 ÷ 2 = 48 ··· 1	

매스티안 사고력연산 EGG 3-5

내림이 있고 나머지가 있는 (몇십몇)÷(몇)의 이해

1 나눗셈을 해 보세요.

1)
| 7 5 ÷ 6 = 1 2 … 3 |
| 6 0 ÷ 6 = 1 0 |
| 1 5 ÷ 6 = 2 … 3 |

2)
| 5 4 ÷ 4 = 1 3 … 2 |
| 4 0 ÷ 4 = 1 0 |
| 1 4 ÷ 4 = 3 … 2 |

3)
| 4 3 ÷ 3 = 1 4 … 1 |
| 3 0 ÷ 3 = 1 0 |
| 1 3 ÷ 3 = 4 … 1 |

68 ÷ 4 = 17
69 ÷ 4 = 17 … 1
71 ÷ 4 = 17 … 3

2 옳은 것은 ○표 하고 잘못된 것은 바르게 계산해 보세요.

○
| 57 ÷ 2 = 28 … 1 |
| 40 ÷ 2 = 20 |
| 17 ÷ 2 = 8 … 1 |

○
| 86 ÷ 3 = 25 … 1 |
| 60 ÷ 3 = 20 |
| 16 ÷ 3 = 5 … 1 |

| 73 ÷ 4 = 17 … 5 |
| 40 ÷ 4 = 10 |
| 33 ÷ 4 = 7 … 5 |

▽
| 78 ÷ 5 = 15 … 3 |
| 50 ÷ 5 = 10 |
| 28 ÷ 5 = 5 … 3 |

| 86 ÷ 3 = 28 … 2 |
| 60 ÷ 3 = 20 |
| 26 ÷ 3 = 8 … 2 |

| 80 ÷ 5 = 16 |
| 82 ÷ 5 = 16 … 2 |
| 84 ÷ 5 = 16 … 4 |

| 73 ÷ 4 = 18 … 1 |
| 40 ÷ 4 = 10 |
| 33 ÷ 4 = 8 … 1 |

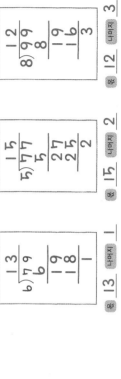

3 규칙을 찾아 빈칸에 알맞은 수를 써넣고 나눗셈을 해 보세요.

1)
40 ÷ 4 = 10
41 ÷ 4 = 10 … 1
42 ÷ 4 = 10 … 2
43 ÷ 4 = 10 … 3
44 ÷ 4 = 11

2)
60 ÷ 5 = 12
61 ÷ 5 = 12 … 1
62 ÷ 5 = 12 … 2
63 ÷ 5 = 12 … 3
64 ÷ 5 = 12 … 4
65 ÷ 5 = 13

3)
66 ÷ 6 = 11
67 ÷ 6 = 11 … 1
68 ÷ 6 = 11 … 2
69 ÷ 6 = 11 … 3
70 ÷ 6 = 11 … 4
71 ÷ 6 = 11 … 5
72 ÷ 6 = 12

96 ÷ 8 = 12
97 ÷ 8 = 12 … 1
98 ÷ 8 = 12 … 2

내림이 있고 나머지가 있는 (몇십몇)÷(몇)

1

37 ÷ 2 = 18 … 1

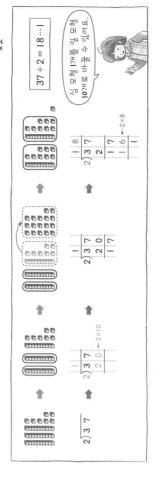

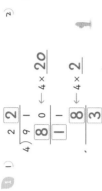

1)
2)37
20 ← 2×10
17
16 ← 2×8
1

2 2
4) 9 1
8 0 ← 4 × 2 0
1 1
8 ← 4 × 2
3

2 7
3) 8 3
6 0 ← 3 × 2 0
2 3
2 1 ← 3 × 7
2

1 4
6) 8 7
6 0
2 7
2 4 ← 6 × 4
3

1)
1 6	5
4) 6 5	
4	
2 5	
2 4	
1	

2)
1 2	7
7) 8 7	
7	
1 7	
1 4	
3	

3)
1 4	2
5) 7 2	
5	
2 2	
2 0	
2	

4)
1 8	
3) 5 6	
3	
2 6	
2 4	
2	

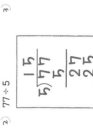

1) 79 ÷ 6
| 1 3 |
| 6) 7 9 |
| 6 |
| 1 9 |
| 1 8 |
| 1 |

2) 77 ÷ 5
| 1 5 |
| 5) 7 7 |
| 5 |
| 2 7 |
| 2 5 |
| 2 |

3) 99 ÷ 8
| 1 2 |
| 8) 9 9 |
| 8 |
| 1 9 |
| 1 6 |
| 3 |

4) 53 ÷ 2
| 2 6 |
| 2) 5 3 |
| 4 |
| 1 3 |
| 1 2 |
| 1 |

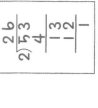

몫 26 나머지 1

몫 12 나머지 3

몫 15 나머지 2

몫 13 나머지 1

매스티안 사고력연산 EGG 3-5

EGG 내림이 있고 나머지가 있는 (몇십몇)÷(몇)

1 잘못된 곳을 찾아 바르게 계산해 보세요.

1)
```
  1 5
4)6 7
  4
  2 7
  2 0
    7
```
→
```
  1 6
4)6 7
  4
  2 7
  2 4
    3
```

2)
```
  1 2
3)5 6
  3
  6
  6
  0
```
→
```
  1 8
3)5 6
  3
  2 6
  2 4
    2
```

3)
```
  1 6
5)7 9
  5
  2 9
  3 0
    1
```
→
```
  1 5
5)7 9
  5
  2 9
  2 5
    4
```

2
1)
8 2 ÷ 3 = 2 7 … 1
○○○ 3 × 2 = 6
2 2
○○○ 2 1
1

(8 + 3 = 2…2)
(22 ÷ 3 = 7…1)

2)
7 3 ÷ 2 = 3 6 … 1
6
○○○ 1 3
○○○ 1 2
1

3 나눗셈을 해 보세요.

1) 66÷4 = 16···2
74÷5 = 14···4
97÷2 = 48···1
71÷3 = 23···2

2) 33÷2 = 16···1
46÷3 = 15···1
89÷6 = 14···5
92÷8 = 11···4

3) 80÷6 = 13···2
97÷8 = 12···1
85÷3 = 28···1
68÷5 = 13···3

4) 51÷2 = 25···1
82÷7 = 11···5
75÷4 = 18···3
96÷7 = 13···5

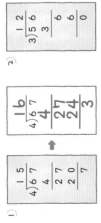
나눗셈을 하여 알맞게 선으로 이어 보자.

4
나눗셈식	몫	나머지
83÷6	17	2
70÷3	13	1
81÷7	14	3
87÷5	11	5
59÷4	23	4

내림이 있고 나머지가 있는 (몇십몇)÷(몇)

5 나눗셈을 하여 빈칸을 알맞게 채워 보세요.

1)
73	÷6=	12	···1
	÷5=	14	···3
	÷3=	24	···1

2)
94	÷5=	18	···4
	÷8=	11	···6
	÷7=	13	···3

3)
89	÷3=	29	···2
	÷7=	12	···5
	÷5=	17	···4

6 빈칸에 알맞은 수를 써넣으세요.

1)
÷3→		나머지
74	24	2
86	28	2
52	17	1
79	26	1

2)
÷4→		나머지
63	15	3
50	12	2
75	18	3
98	24	2

3)
÷6→		나머지
71	11	5
86	14	2
88	14	4
93	15	3

7 나눗셈식을 보고 바르게 설명한 친구를 모두 찾아 ○표 하세요.

1) 43÷3 = 14···[1]
몫은 (12보다 크다.) / 나머지는 10이다. / 몫은 (10보다 작다.)

2) 98÷8 = [12]···[2]
나머지가 없어. / 나머지는 (4보다 커.) / 몫은 (11보다 크다.)

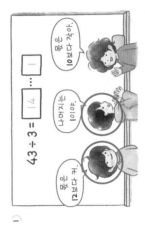

8
책 54권을 한 명에게 4권씩 나누어 주려고 해요. 책을 몇 명에게 나누어 줄 수 있고, 몇 권이 남을까요?
식 54÷4=13···2
답 13 명에게 나누어 줄 수 있고, 2 권이 남아요.

귤 90개를 접시 7개에 똑같이 나누어 담으려고 해요. 한 접시에 몇 개씩 담을 수 있고, 몇 개가 남을까요?
식 90÷7=12···6
답 한 접시에 12 개씩 담을 수 있고, 6 개가 남아요.

EGG 내림이 있고 나머지가 있는 (몇십몇)÷(몇)

1 나머지가 같은 식끼리 선으로 이어 보세요.

55÷3 = 18···1   89÷6 = 14···5   86÷7 = 12···2   92÷8 = 11···4   60÷5 = 12

96÷7 = 13···5   82÷6 = 13···4   57÷2 = 28···1   74÷3 = 24···2   75÷6 = 12···3

68÷5 = 13···3

2 나머지가 1인 식을 따라가 보세요.

출발
73÷3 = 24···1   75÷5 = 15   71÷3 = 23···2   91÷4 = 22···3   35÷2 = 17···1
60÷4 = 15   51÷2 = 25···1   66÷5 = 13···1   77÷3 = 25···2 도착
53÷4 = 13···1   85÷6 = 14···1   71÷5 = 14···1   65÷4 = 16···1
98÷8 = 12···2   76÷3 = 25···1   54÷4 = 13···2   84÷7 = 12   86÷5 = 17···1
73÷6 = 12···1

3 조건에 맞는 수를 모두 찾아 O표 하세요.

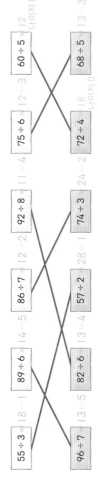

1) 4로 나눌 때 나머지가 될 수 있는 수
0 1 2 3 4 5 6 7 8 9

4÷4=1···0
6÷4=1···2
6÷4=1···2
7÷4=1···3
8÷4=2

2) 7로 나눌 때 나머지가 될 수 있는 수
0 1 2 3 4 5 6 7 8 9

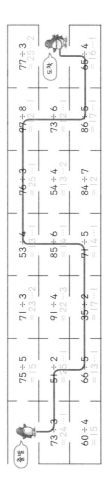

4 승호와 윤지, 준희가 가진 구슬의 수를 각각 구하고, 구슬을 가장 많이 가진 친구의 이름에 O표 하세요.

1)
68÷3=22···2
22 + 2=24, 24개 — 승호

2)
53÷2=26···1
26개 — 윤지

3)
98÷4=24···2
24 +1=25, 25개 — 준희

(몇십몇)÷(몇)의 활용

1 조건에 맞는 수를 모두 찾아 색칠해 보세요.

1) 3으로 나누어떨어지는 수

81	16	65	41	57
30	48	51	29	66
87	53	32	80	45
15	42	93	46	78
21	97	38	85	39

2) 7로 나누어떨어지는 수

74	35	98	63	80
93	84	59	70	68
36	72	25	91	24
15	61	54	49	95
43	94	32	77	89

3) 4로 나누어떨어지는 수

12	67	36	79	64
76	42	84	38	52
44	26	15	82	46
28	56	92	74	32
96	68	24	86	40

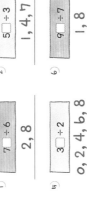

나누어지가 0일 때 나누어떨어진다고 해.

2
1) 2로 나누어떨어지는 수를 모두 찾아 ☆을 색칠해 보세요.
2) 3으로 나누어떨어지는 수를 모두 찾아 🌙을 색칠해 보세요.
3) 6으로 나누어떨어지는 수에 모두 O표 하세요.

4 6 9 14 24 36 40 44 54 61 64 72 75 82 96 99

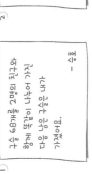

3 나누어떨어지려면 ▢ 안에 어떤 숫자가 들어가야 할까요? 0부터 9까지의 숫자 중에서 알맞은 것을 모두 찾아 써 보세요.

1) 7 ÷ 6
2, 8

2) 5 ÷ 3
1, 4, 7

3) 6 ÷ 4
0, 4, 8

4) 9 ▢ ÷ 8
6

5) 3 ▢ ÷ 2
0, 2, 4, 6, 8

6) 9 ▢ ÷ 7
1, 8

7) 8 ▢ ÷ 6
4

8) 7 ▢ ÷ 5
0, 5

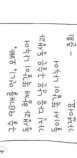

4 나누어떨어지려면 ▢ 안에 어떤 수가 들어가야 하는지 모두 찾아 O표 하세요.

1) 84 ÷ ▢
(1 2 3 4 5 6 7 8 9)

2) 96 ÷ ▢
(1 2 3 4 5 6 7 8 9)

매스티안 사고력연산 EGG 3-5

EGG (몇십몇)÷(몇)의 활용

1) 구기 36개를 친구들에게 똑같이 나누어 주려고 해요. 빈칸에 알맞은 수를 써 보세요.

사람 수(명)	1	2	3	4	5	6	7	8	9
한 명이 가질 수 있는 구기의 수(개)	36	18	12	9	7	6	5	4	4
남는 구기의 수(개)	0	0	0	0	1	0	1	4	0

➡ 친구들의 수가 __1, 2, 3, 4, 6, 9__ 명일 때 구기를 남김없이 똑같이 나누어 줄 수 있어요.

2) 사탕 56개를 친구들에게 똑같이 나누어 주려고 해요. 빈칸에 알맞은 수를 써 보세요.

사람 수(명)	1	2	3	4	5	6	7	8	9
한 명이 가질 수 있는 사탕의 수(개)	56	28	18	14	11	9	8	7	6
남는 사탕의 수(개)	0	0	2	0	1	2	0	0	2

➡ 친구들의 수가 __1, 2, 4, 7, 8__ 명일 때 사탕을 남김없이 똑같이 나누어 줄 수 있어요.

2) 규칙에 따라 도형을 늘어놓고 있어요. 주어진 순서에 올 도형이 무엇인지 구하고, 그 도형을 그려 보세요.

3개씩 반복하면 2번째 모양은 ➕이고, 22번째 모양은 ……

1) 22번째
나눗셈식 $22 \div 3 = 7 \cdots 1$
도형 ♡

3) 96번째
나눗셈식 $96 \div 3 = 32$
도형 ◎

2) 79번째
나눗셈식 $79 \div 4 = 19 \cdots 3$
도형 ○

4) 54번째
나눗셈식 $54 \div 5 = 10 \cdots 4$
도형 △

(몇십몇)÷(몇)의 활용

3) 수 카드 2장을 골라 옳은 식을 완성해 보세요.

4	3	5	1	2

84	85	87	2	3

7	6	13	12	11

1) $53 \div 3 = 17 \cdots 2$

2) $87 \div 4 = 21 \cdots 3$

3) $79 \div 6 = 13 \cdots 1$

4) 29÷□의 몫이 4가 되려면…

$\square)\,2\,9$ … 5

1)
$29 \div 5 = 5 \cdots 4$
$29 \div 4 = 7 \cdots 1$
$29 \div 3 = 9 \cdots 2$

2)
$92 \div 3 = 30 \cdots 2$
$92 \div 6 = 15 \cdots 2$
$92 \div 9 = 10 \cdots 2$

3)
$83 \div 4 = 20 \cdots 3$
$83 \div 6 = 13 \cdots 5$
$83 \div 8 = 10 \cdots 3$

5) 수 카드 4장을 골라 주어진 수가 나머지가 되는 (두 자리 수)÷(한 자리 수)의 나눗셈식을 모두 완성해 보세요.

1) | 25 | 39 | 51 | 4 | 7 |
$25 \div 4 = 6 \cdots 1$
$51 \div 7 = 7 \cdots 2$

3) | 38 | 41 | 57 | 5 | 9 |
$41 \div 5 = 8 \cdots 1$
$57 \div 9 = 6 \cdots 3$

2) | 19 | 37 | 3 | 7 | 8 |
$37 \div 7 = 5 \cdots 2$
$19 \div 8 = 2 \cdots 3$

4) | 69 | 3 | 80 | 5 | 7 |
$80 \div 3 = \cdots 2$
$69 \div 5 = \cdots 4$

6) 숫자 카드를 한 번씩 사용하여 나머지가 가장 큰 (두 자리 수)÷(한 자리 수)의 나눗셈식을 만들어 보세요.

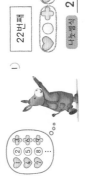

1) 내 카드는 3 2 8 이야.

2) 내 카드는 4 5 3 이야.

3) 내 카드는 6 4 7 이야.

1) $23 \div 8 = 2 \cdots 7$

2) $34 \div 5 = 6 \cdots 4$

3) $47 \div 6 = 7 \cdots 5$

정답

매스티안 사고력연산 EGG 3-5

나머지가 없는 (몇백)÷(몇)의 이해

600÷3은 어떻게 계산할 수 있을까?

600÷3

6÷3= 2
60÷3= 20
600÷3= 200

6÷3=2이니까 100개씩 묶음 6개를 3으로 나누면 100개씩 묶음 2개가 돼. 그래서 600÷3의 몫은 200이야.

1 그림을 보고 나눗셈을 해 보세요.

1)

8÷4= 2   80÷4= 20   800÷4= 200

2)
9÷3= 3   90÷3= 30   900÷3= 300

2
맞게 있는 식끼리 있고 계산해 봐.

6÷2= 3		50÷5= 10
4÷4= 1		60÷2= 30
5÷5= 1		40÷2= 20
4÷2= 2		40÷4= 10

| 400÷2= 200 |
| 400÷4= 100 |
| 500÷5= 100 |
| 600÷2= 300 |

3 규칙에 맞게 나눗셈식을 쓰고 계산해 보세요.

나누어지는 수가 10배씩 커지면 몫은 어떻게 달라지는지 확인해 봐.

1)
3÷3= 1
30÷3= 10
300÷3= 100

2)
8÷2= 4
80÷2= 40
800÷2= 400

3)
7÷7= 1
70÷7= 10
700÷7= 100

나머지가 없는 (몇백)÷(몇)의 이해

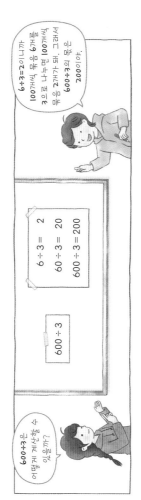

블럭이 400개를 우리 두 명이서 똑같이 나누면 200개씩 가질 수 있어.

색종이 600장을 우리 두 명이서 똑같이 나누면 240장씩 가질 수 있어.

	2	0	0
2)	4	0	0
	4		
		0

	2	5	0
2)	5	0	0
	4		
	1	0
	1	0
		0

1
1)
	3	0	0
3)	9	0	0
	9		
		0

2)
	4	0	0
2)	8	0	0
	8		
		0

3)
	1	4	0
5)	7	0	0
	5		
	2	0
	2	0
		0

4)
	4	5	0
2)	9	0	0
	8		
	1	0
	1	0
		0

2 몫이 같은 식을 찾아 ∨표 하세요.

1)

600÷3
= 200

☑ 400÷2 = 200
☐ 500÷2 = 250
☐ 600÷2 = 300

2)
900÷6
= 150

☐ 400÷4 = 100
☑ 600÷4 = 150
☐ 800÷4 = 200

3 여행을 가서 찍은 600장의 사진을 앨범에 넣어 보관하려고 해요. 앨범 한 쪽에 사진을 5장씩 넣을 수 있다면 앨범이 몇 쪽짜리 앨범이 필요할까요?

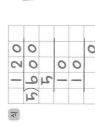

	1	2	0
5)	6	0	0
	5		
	1	0
	1	0
		0

식 600÷5=120

답 120쪽

4 옳은 식이 되도록 선으로 잇고 나눗셈식을 써 보세요.

1)
900÷9 → 100
900÷3 → 300

900÷3=300

2)
500÷5 → 100
500÷2 → 250

500÷2=250

3)

800÷5 → 160
800÷4 → 200

800÷5=160

EGG 나머지가 없는 (몇백몇십)÷(몇)의 이해

320÷4
어떻게 계산할 수 있을까?

320÷4
32÷4 = 8
320÷4 = 80

1) 36÷6 = **6**
   360÷6 = **60**

2) 27÷9 = **3**
   270÷9 = **30**

3) 16÷8 = **2**
   160÷8 = **20**

4) 35÷7 = **5**
   350÷7 = **50**

5 같은 규칙으로 나눗셈식 4쌍을 완성해 보세요.

14 ÷ 2 = **7**   45 ÷ 5 = **9**
140 ÷ 2 = **70**   450 ÷ 5 = **90**

24 ÷ 3 = **8**   36 ÷ 4 = **9**
240 ÷ 3 = **80**   360 ÷ 4 = **90**

* 제시된 답 이외에도 여러 가지 답이 있습니다.

2 나눗셈의 몫이 같은 것끼리 같은 색으로 칠해 보세요.
* 색은 자유롭게 선택할 수 있습니다.

160÷2 = **80**   360 ÷ 4 = **90**   420÷7 = **60**
540÷6 = **90**   560÷8 = **70**   150÷3 = **50**
                    210÷3 = **70**   250÷5 = **50**
                    120÷2 = **60**   720÷9 = **80**

3 옳은 것을 모두 찾아 ◯표 하세요.

나누어지는 수	280
나누는 수	4
몫	70

| ÷ | 480 | 240 |
| 6 | 80 | 40 |

1)

나누는 수	8
나누어지는 수	320
몫	30

| ÷ | 150 | 350 |
| 5 | 30 | 70 |

2)

나누어지는 수	320
나누는 수	7
몫	70

| ÷ | 180 | 540 |
| 9 | 20 | 60 |

3)

나머지가 없는 (몇백몇십)÷(몇)

640÷4

백의 자리부터 순서대로 계산하면 돼.

6÷4는 1이니까
640÷4는 160이야.

```
    1          16         160
4)640      4)640      4)640
 4          4          4
 2         24         24
           24         24
            0          0
```

1) 950÷5 = **190**

```
  190
5)950
  5
  45
  45
   0
```

2) 840÷6 = **140**

```
  140
6)840
  6
  24
  24
   0
```

3) 720÷3 = **240**

```
  240
3)720
  6
  12
  12
   0
```

4) 560÷2 = **280**

```
  280
2)560
  4
  16
  16
   0
```

2

1) 850÷5 = **170**   2) 420÷3 = **140**
   500÷5 = **100**   300÷3 = **100**
   350÷5 = **70**   120÷3 = **40**

3) 910÷7 = **130**   4) 960÷6 = **160**
   700÷7 = **100**   600÷6 = **100**
   210÷7 = **30**   360÷6 = **60**

3 관계있는 식끼리 선으로 잇고 계산해 보세요.

58 ÷ 2 = **29**   650÷5 = **130**
51 ÷ 3 = **17**   580÷2 = **290**
56 ÷ 4 = **14**   560÷4 = **140**
65 ÷ 5 = **13**   510÷3 = **170**

4 나눗셈의 몫에 ◯표 하세요.

1)

840÷7

□ 120   ◯ 130   □ 140

2)

780÷3

□ 160   ◯ 260   □ 390

매스티안 사고력연산 EGG 3-5

나머지가 없는 (세 자리 수)÷(한 자리 수)의 이해

EGG

360은 4로 쉽게 나눌 수 있어.

| 40 |
| 80 |
| 120 |
| 160 |
| 200 |
| 240 |
| 280 |
| 320 |
| 360 |
| 400 |

372÷4=93
360÷4=90
12÷4=3

그런 다음 12÷4를 계산해서 몫끼리 더하면 돼.

1 안의 수를 이용하여 나눗셈을 해 보세요.

1) 320÷5=64, 300÷5=60, 20÷5=4
2) 490÷5=98, 450÷5=90, 40÷5=8

2
1) 315÷7=45, 280÷7=40, 35÷7=5
2) 477÷9=53, 450÷9=50, 27÷9=3

1) 185÷5=37, 150÷5=30, 35÷5=7
2) 515÷5=103, 500÷5=100, 15÷5=3

50 100 150 200 250 300 350 400 450 500

3) 552÷6=92, 540÷6=90, 12÷6=2
4) 376÷4=94, 360÷4=90, 16÷4=4

| ÷ | 210 | 15 | 225 |
| 3 | 70 | 5 | 75 |

| ÷ | 400 | 32 | 432 |
| 8 | 50 | 4 | 54 |

| ÷ | 540 | 63 | 603 |
| 9 | 60 | 7 | 67 |

4 관계있는 식끼리 같은 색으로 칠하고 계산을 해 보세요.

512÷8=64   468÷6=78   348÷4=87   480÷8=60   320÷4=80
420÷6=70   32÷8=4   48÷6=8   28÷4=7

나머지가 없는 (세 자리 수)÷(한 자리 수)의 이해

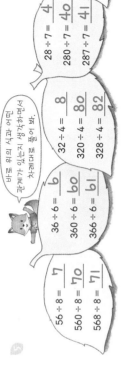

바로 위의 식과 어떤 관계가 있는지 생각하면서 차례대로 풀어 봐.

5
56÷8=7, 560÷8=70, 568÷8=71
36÷6=6, 360÷6=60, 366÷6=61
32÷4=8, 320÷4=80, 328÷4=82
28÷7=4, 280÷7=40, 287÷7=41
27÷3=9, 270÷3=90, 279÷3=93

6
8	0	0	÷	4	=	2	0	0
	3	6	÷	4	=			9
8	3	6	÷	4	=	2	0	9

6	0	0	÷	3	=	2	0	0
	1	5	÷	3	=			5
6	1	5	÷	3	=	2	0	5

나눗셈을 이용하여 물건을 구해 봐.

5
400÷4=100, 404÷4=101, 396÷4=99
600÷3=200, 603÷3=201, 597÷3=199
800÷2=400, 802÷2=401, 798÷2=399
700÷7=100, 707÷7=101, 693÷7=99

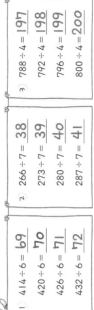

가장 쉬운 나눗셈식을 찾아 먼저 몫을 구한 다음, 남은 문제를 해결해 보세요.

8
1) 414÷6=69, 420÷6=70, 426÷6=71, 432÷6=72
2) 266÷7=38, 273÷7=39, 280÷7=40, 287÷7=41
3) 788÷4=197, 792÷4=198, 796÷4=199, 800÷4=200
4) 369÷9=41, 360÷9=40, 351÷9=39, 342÷9=38

안에 알맞은 숫자를 써넣으세요.

9
1)
3	6	4	÷	7	=	5	2
3	5	0	÷	7	=	5	0
	1	4	÷	7	=		2

2)
4	1	5	÷	5	=	8	3
4	0	0	÷	5	=	8	0
	1	5	÷	5	=		3

3)
2	7	6	÷	6	=	4	6
2	4	0	÷	6	=	4	0
	3	6	÷	6	=		6

나머지가 없는 (세 자리 수)÷(한 자리 수)

EGG

237 ÷ 3

$3\overline{)2\,3\,7}$ → $3\overline{)2\,3\,7}$ ⬆ $3\overline{)2\,3\,7}$ = 79

79
3)237
 21
  27
  27
   0

그런 다음 남은 2와
일의 자리 7을 합한
27을 3으로 나누면 돼.

몫의 백의 자리에
2를 쓸 수 없으니까
23을 3으로
나누어야 해.

나눗셈을 하고
몫을 찾아가는
색으로 칠해 봐.

1) 804 ÷ 4 = 201

201
4)804
 8
  4
  4
  0

118 47 2
  4
   7
   4
   3 2
   3 2
    0

118 206 69
  3 4 5
  3 0
   4 5
   4 5
    0

2) 372 ÷ 3 = 124

124
3)372
 3
  7
  6
  12
  12
   0

206
3)618
 6
   18
   18
    0

287
2)574
 4
  17
  16
   14
   14
    0

34
7)238
 21
  28
  28
   0

3) 520 ÷ 5 = 104

104
5)520
 5
  20
  20
   0

4) 252 ÷ 6 = 42

42
6)252
 24
  12
  12
   0

세로로
계산해 봐.

2)

1)

4
2)800
 8
  0

400
2)800
 8
  0

450
3)135
 12
  15
  15
   0

45
3)135
 12
  15
  15
   0

잘못된 곳을
찾아 바르게
계산해 봐.

나머지가 없는 (세 자리 수)÷(한 자리 수)

1)

3)3)00
 3
 23
 21
  2

5 3 7 ÷ 3 = 179
(3×3=9...)
(3×7=21)...
(3×9=27)...
 3
23
21
 27
 27
  0

3)
2 5 8 ÷ 6 = 43
 24
  18
  18
   0

2)
8 5 2 ÷ 4 = 213
 8
 5
 4
 12
 12
  0

4)
2 0 8 ÷ 8 = 26
 16
  48
  48
   0

5)
192 ÷ 3   485 ÷ 5

840 ÷ 8   840 ÷ 4

371 ÷ 7   756 ÷ 6

중 | 품 | 한

이 | 의 | 나

소 | | 나

계산을 하여 알맞은
글자를 써넣어 봐.

6) 1) 해나가 새로 산 책은 184쪽이에요. 매일 8쪽씩
읽는다면 책을 모두 읽는 데 며칠이 걸릴까요?
식 184÷8=23   답 23 일

2) 학생 150명을 6개의 반으로 똑같이 나누었어요.
한 반은 몇 명일까요?
식 150÷6=25   답 25 명

53 | 64 | 210 | 97
수 | 중 | 한 | 남
126 | 105
나 | 이

3) 은수가 올해 읽은 달력을 보며 앞쪽에 가지 않는 날수
를 세어 보니 168일이었어요. 앞쪽에 가지 않는
날은 몇 주일까요?
식 168÷7=24   답 24 주일

4) 준서는 매일 일정한 시간 동안 텔레비전을 보았
어요. 일주일 동안 텔레비전을 본 시간이 245분
이었다면 3일 동안 텔레비전을 본 시간은 몇 분
일까요?
식 245÷7=35
35×3=105   답 105 분

매스티안 사고력연산 EGG 3-5

EGG 나머지가 없는 (세 자리 수)÷(한 자리 수)

1 나눗셈의 몫을 어림하여 조건에 맞는 식을 모두 찾아 ☑표 하고, 계산하여 확인해 보세요.

1) 나눗셈의 몫이 100보다 큰 식

318÷3 = 106 ☑　204÷4 = 51　154÷2 = 77

675÷5 = 135 ☑　371÷7 = 53　732÷6 = 122 ☑

2) 나눗셈의 몫이 100보다 작은 식

872÷8 = 109 ☑　747÷9 = 83 ☑

2 몫이 다른 하나를 찾아 ✕표 하세요.

1) 429÷3 =143　572÷4 =143　286÷2 =143　798÷6 ✕ =133

3) 679÷7 ✕ =97　784÷8 =98　392÷4 =98　490÷5 =98

3 삐에로가 말하는 수를 찾아 ◯과 같은 색으로 칠해 보세요.

273을 3으로 나눈 몫이야. 91

472를 4로 나눈 몫이야. 118

744를 6으로 나눈 몫이야. 124 (149)

449를 9로 나눈 몫이야. 51

648을 6으로 나눈 몫이야. 108

347을 7로 나눈 몫이야. 61

4 안에 알맞은 수를 서로 다른 수로 나눈 몫을 각각 구해 봐.

840÷7

120 ÷3 → 280　840÷4 →210　÷5 →168

432÷9

48 ÷2 → 216　432÷4 →144　108

576÷6

192 ÷3 →72　576÷4 →144　÷8 →96

나머지가 없는 (세 자리 수)÷(한 자리 수)

5 ⟩, =, ⟨

1) 900÷4 ⟨ 250
225

2) 150 ⟨ 540÷3
180

3) 600÷2 ⟩ 600÷3
300　　200

4) 630÷6 ⟨ 150
105

5) 100 ⟩ 864÷9
96

6) 994÷7 = 710÷5
142　　142

6 나눗셈의 몫이 더 큰 쪽 길을 따라가 보세요.

136÷4 =34　369÷3 =123　189÷7 =27

265÷5 =53　188÷2 =94　938÷7 =134　700÷4 =175

294÷6 =49　824÷4 =206　688÷8 =86　366÷2 =183　852÷4 =213

392÷2 =196　756÷9 =84　762÷3 =254　565÷5 =113

635÷5 =127　804÷6 =134　276÷2 =138

56÷3 =187　928÷8 =116　468÷4 =117

7 영수증을 보고 물음에 답하세요.

물품	수량	금액
당근주스	5병	820원
사과주스	3병	495원
포도 맛 사탕	4개	212원
레몬 맛 사탕	7개	301원
풍선껌	6개	744원
새우 맛 과자	3개	960원

1) 풍선껌 한 개는 얼마일까요?

식 744÷6 = 124　답 124원

2) 새우 맛 과자 한 개는 얼마일까요?

식 960÷3 = 320　답 320원

3) 포도 맛 사탕과 레몬 맛 사탕 중 한 개의 가격이 더 비싼 것은 무엇일까요?

식 212÷4 = 53, 301÷7 = 43　답 포도 맛 사탕

4) 당근주스와 사과주스 중 한 병의 가격이 더 비싼 것은 무엇일까요?

식 820÷5 = 164, 495÷3 = 165　답 사과주스

8 안에 알맞은 숫자를 써넣어 봐.

1)
```
   1 2 5
3 ) 3 7 5
    3
    7
    6
    1 5
    1 5
      0
```

```
   1 3 2
4 ) 5 2 8
    4
    1 2
    1 2
      0 8
      8
      0
```

```
   1 1 4
6 ) 6 8 4
    6
      8
      6
      2 4
      2 4
        0
```

9

1) 500 ÷ 2 = 250

900 ÷ 3 = 300

600 ÷ 4 = 150

2) 430 ÷ 2 = 215

550 ÷ 5 = 110

760 ÷ 8 = 95

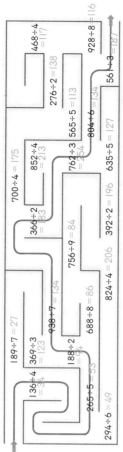

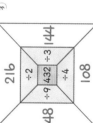
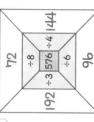

매스티안 사고력연산 EGG 3-5

나머지가 없는 (세 자리 수)÷(한 자리 수)의 활용

나눗셈의
몫을 구하고 규칙을
설명해 봐.

1)

| 210 ÷ 3 = 70 |
| 213 ÷ 3 = 71 |
| 216 ÷ 3 = 72 |
| 219 ÷ 3 = 73 |

2)

| 480 ÷ 8 = 60 |
| 472 ÷ 8 = 59 |
| 464 ÷ 8 = 58 |
| 456 ÷ 8 = 57 |

3)

| 560 ÷ 7 = 80 |
| 574 ÷ 7 = 82 |
| 588 ÷ 7 = 84 |
| 602 ÷ 7 = 86 |

4)

| 180 ÷ 2 = 90 |
| 172 ÷ 2 = 86 |
| 164 ÷ 2 = 82 |
| 156 ÷ 2 = 78 |

규칙

1) 나누어지는 수는 3씩 커지고, 나누는 수는 항상 3이에요. 그래서 몫은 1씩 커져요.
2) 나누어지는 수는 8씩 작아지고, 나누는 수는 항상 8이에요. 그래서 몫은 1씩 작아져요.
3) 나누어지는 수는 14씩 커지고, 나누는 수는 항상 7이에요. 그래서 몫은 2씩 커져요.
4) 나누어지는 수는 8씩 작아지고, 나누는 수는 항상 2예요. 그래서 몫은 4씩 작아져요.

2. 규칙을 찾아 빈칸에 알맞은 수를 써넣고 물음에 답하세요.

1)

| 824 ÷ 4 = 206 |
| 864 ÷ 4 = 216 |
| 904 ÷ 4 = 226 |
| 944 ÷ 4 = 236 |

2)

| 212 ÷ 4 = 53 |
| 292 ÷ 4 = 73 |
| 372 ÷ 4 = 93 |
| 452 ÷ 4 = 113 |

3)

| 846 ÷ 9 = 94 |
| 756 ÷ 9 = 84 |
| 666 ÷ 9 = 74 |
| 576 ÷ 9 = 64 |

4)

| 963 ÷ 9 = 107 |
| 945 ÷ 9 = 105 |
| 927 ÷ 9 = 103 |
| 909 ÷ 9 = 101 |

1) ~ 4) 중에서 어느 것을 설명하고 있는지 찾아
⬜ 안에 쓰고, 빈칸에 알맞은 말을 써넣으세요.

"나누어지는 수는 40씩 커지고,
나누는 수는 항상 4예요.
그래서 몫은 10씩 커져요."

| 1 |

"나누어지는 수는 18씩 작아지고,
나누는 수는 항상 9예요.
그래서 몫은 2씩 작아져요."

| 4 |

3. 1)

| 135 ÷ 5 = 27 |
| 270 ÷ 5 = 54 |
| 540 ÷ 5 = 108 |

2)

| 111 ÷ 3 = 37 |
| 222 ÷ 3 = 74 |
| 444 ÷ 3 = 148 |

3)

| 124 ÷ 2 = 62 |
| 248 ÷ 2 = 124 |
| 496 ÷ 2 = 248 |

4)

| 864 ÷ 4 = 216 |
| 432 ÷ 4 = 108 |
| 216 ÷ 4 = 54 |

나머지가 없는 (세 자리 수)÷(한 자리 수)의 활용

4. 나눗셈을 하고 규칙을 찾아보세요.

1)

| 840 ÷ 2 = 420 |
| 840 ÷ 4 = 210 |
| 360 ÷ 2 = 180 |
| 360 ÷ 4 = 90 |
| 164 ÷ 2 = 82 |

164 ÷ 2 (×2) → (÷2) → 164 ÷ 4 = 41

2)

| 840 ÷ 3 = 280 |
| 840 ÷ 6 = 140 |
| 360 ÷ 3 = 120 |
| 360 ÷ 6 = 60 |
| 198 ÷ 3 = 66 |

198 ÷ 3 (×2) → (÷2) → 198 ÷ 6 = 33

3)

| 720 ÷ 9 = 80 |
| 720 ÷ 3 = 240 |
| 360 ÷ 9 = 40 |
| 360 ÷ 3 = 120 |
| 207 ÷ 9 = 23 |

207 ÷ 9 (×3) → (÷3) → 207 ÷ 3 = 69

4)

| 720 ÷ 8 = 90 |
| 720 ÷ 2 = 360 |
| 360 ÷ 8 = 45 |
| 360 ÷ 2 = 180 |
| 184 ÷ 8 = 23 |

184 ÷ 8 (×4) → (÷4) → 184 ÷ 2 = 92

5. 1) 도마뱀과 뱀이 모두 34마리 있어요.
다리의 수가 104개라면 도마뱀과 뱀은 각각
몇 마리씩 있을까요?

도마뱀은
다리가 4개야.

식 104 ÷ 4 = 26

34 − 26 = 8

답 도마뱀 26 마리,
뱀 8 마리

2) 186쪽짜리 책을 매일 6쪽씩 읽으면
한 달 동안 책을 모두 읽을 수 있을까요?

식 184 ÷ 6 = 31

답 3월이 한 달이 1, 3, 5, 7, 8, 10, 12월이라면
모두 읽을 수 있고, 다른 달이라면 모두 읽을 수
없어요.

6. 만들 수 있는 나눗셈식을 모두 쓰고 계산해 보세요.

264 / 536 / 672 | 2 | 4 | 8

264 ÷ 2 = 132	536 ÷ 2 = 268	672 ÷ 2 = 336
264 ÷ 4 = 66	536 ÷ 4 = 134	672 ÷ 4 = 168
264 ÷ 8 = 33	536 ÷ 8 = 67	672 ÷ 8 = 84

나누는 수들의
관계를 이용하면
더 쉽게
계산할 수 있어.

매스티안 사고력연산 EGG **3-5**

나머지가 있는 (세 자리 수)÷(한 자리 수)

326 ÷ 3

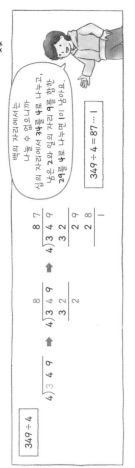

백의 자리에서
3을 3으로 나누고,
십의 자리에서는 2를
3으로 나눌 수 없으니까
일의 자리에서 26을 3으로
나누면 2가 남아요.

326 ÷ 3 = 108 … 2

1 □ 안에 알맞은 수를 써넣으세요.

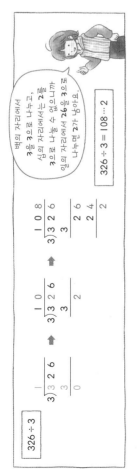

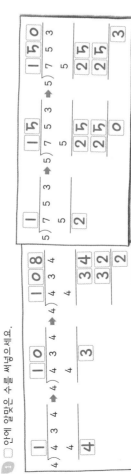

2 1) 417 ÷ 2 = 208 … 1 2) 542 ÷ 3 = 180 … 2

3) 604 ÷ 6 = 100 … 4 4) 547 ÷ 5 = 109 … 2

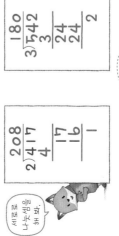

세로로 나눗셈을 해 봐.

3 1)
8 2 4 ÷ 3 = 2 7 4 … 2

3 5 9 ÷ 2 = 1 7 9 … 1

3 ÷ 2 = 1 … 1
(3 × 1 = 3)
(15 ÷ 2 = 7 … 1)
(14 ÷ 2 = 7)
(19 ÷ 2 = 9 … 1)
(2 × 7 = 14)
(2 × 9 = 18)

나머지가 있는 (세 자리 수)÷(한 자리 수)

349 ÷ 4

백의 자리에서는
나눌 수 없으니까
십의 자리에서 34를 4로 나누고,
남은 2와 일의 자리 9를 합한
29를 4로 나누면 1이 남아요.

349 ÷ 4 = 87 … 1

1 나눗셈을 해 보세요.

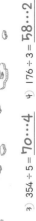 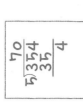

2 세로로 계산해 보세요.

1) 563 ÷ 6 = 93 … 5   2) 169 ÷ 4 = 42 … 1

3) 354 ÷ 5 = 70 … 4   4) 176 ÷ 3 = 58 … 2

3 1)
3 6 4 ÷ 5 = 7 2 … 4

2)
2 5 9 ÷ 8 = 3 2 … 3

나머지가 있는 (세 자리 수)÷(한 자리 수)

1 알맞은 나눗셈식을 쓰고 나눗셈을 해 보세요.

$8×10=80$
$8×20=160$
$8×30=240$
...

1)
$249÷8=31\ \cdots\ 1$
$240÷8=30$
$9÷8=1\ \cdots\ 1$

2)
$395÷8=49\ \cdots\ 3$
$320÷8=40$
$75÷8=9\ \cdots\ 3$

3)
$197÷8=24\ \cdots\ 5$
$160÷8=20$
$37÷8=4\ \cdots\ 5$

4)
$130÷8=16\ \cdots\ 2$
$80÷8=10$
$50÷8=6\ \cdots\ 2$

5)
$436÷8=54\ \cdots\ 4$
$400÷8=50$
$36÷8=4\ \cdots\ 4$

3 ÷6
540	90
541	90···1
542	90···2
543	90···3
544	90···4
545	90···5

÷4
320	80
321	80···1
322	80···2
323	80···3
324	81
325	81···1

÷5
250	50
252	50···2
254	50···4
256	51···1
258	51···3
260	52

÷8
480	60
482	60···2
484	60···4
486	60···6
488	61
490	61···2

나머지가 있는 (세 자리 수)÷(한 자리 수)

나누어지는 수를 서로 비교하여 나눗셈을 해 봐.

1
1) $420÷6=70$
$419÷6=69\ \cdots\ 5$
$418÷6=69\ \cdots\ 4$

2) $360÷3=120$
$359÷3=119\ \cdots\ 2$
$358÷3=119\ \cdots\ 1$

3) $280÷7=40$
$279÷7=39\ \cdots\ 6$
$278÷7=39\ \cdots\ 5$

5 잘못된 것을 찾아 번호에 ✕표 하고 바르게 계산해 보세요.

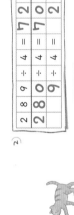

1)
$717÷7=102$
$700÷7=100$
$17÷7=\ \cdots\ 2$

2) ✕
$831÷4=207\ \cdots\ 3$
$800÷4=200$
$31÷4=7\ \cdots\ 3$

✕
$458÷6=86\ \cdots\ 2$
$420÷6=80$
$38÷6=6\ \cdots\ 2$

3)
$914÷3=304\ \cdots\ 2$
$900÷3=300$
$14÷3=4\ \cdots\ 2$

4)
$169÷8=21\ \cdots\ 1$
$160÷8=20$
$9÷8=1\ \cdots\ 1$

✕
$183÷2=91\ \cdots\ 1$
$180÷2=90$
$3÷2=\ \cdots\ 1$

6 안에 알맞은 숫자를 써넣으세요.

매스티안 사고력연산 EGG 3-5

나머지가 있는 (세 자리 수)÷(한 자리 수)

5 만들 수 있는 나눗셈식을 모두 쓰고, 몫과 나머지를 구해 보세요.

1)

| 283 | 509 | ÷ | 3 | 4 |

$283 \div 3 = 94 \cdots 1$
$283 \div 4 = 70 \cdots 3$
$509 \div 3 = 169 \cdots 2$
$509 \div 4 = 127 \cdots 1$

2)

| 451 | 930 | ÷ | 8 | 9 |

$451 \div 8 = 56 \cdots 3$
$451 \div 9 = 50 \cdots 1$
$930 \div 8 = 116 \cdots 2$
$930 \div 9 = 103 \cdots 3$

6 식에 알맞은 내용을 찾아 ∨표 하고 계산해 보세요.

$247 \div 6 = 41 \cdots 1$

□ 젤리가 247개씩 들어 있는 봉지가 6봉지 있어요.

∨ 연필 247자루를 6개의 상자에 똑같이 나누어 담아요.

□ 책 247권 중에서 6권을 읽었어요.

7

1) 블록 827개를 3통에 똑같이 나누어 담으면 한 통에 몇 개씩 담을 수 있고, 몇 개가 남을까요?

| 8 2 7 | ÷ | 3 | = | 2 7 5 | … 2 |

한 통에 275개씩 담을 수 있고, **2** 개가 남아요.

2) 당근 479개를 한 명에게 9개씩 나누어 주려면 모두 몇 명에게 나누어 줄 수 있고, 당근은 몇 개가 남을까요?

| 4 7 9 | ÷ | 9 | = | 5 3 | … 2 |

53 명에게 나누어 줄 수 있고, **2** 개가 남아요.

3) 민지는 색종이 575장을 친구 3명과 똑같이 나누어 가졌어요. 남은 것을 민지가 가졌다면 민지가 가진 색종이는 모두 몇 장일까요?

| 5 7 5 | ÷ | 4 | = | 1 4 3 | … 3 |
| 1 4 3 | + | 3 | = | 1 4 6 | |

146장

4) 고무보트 한 대에 6명씩 탈 수 있어요. 286명이 모두 타려면 고무보트는 몇 대가 필요할까요?

| 2 8 6 | ÷ | 6 | = | 4 7 | … 4 |
| 4 7 | + | 1 | = | 4 8 | |

48대

나머지가 있는 (세 자리 수)÷(한 자리 수)

EGG

정답이 맞은 것을 찾아 바르게 계산해 봐.

1

1)

```
      9 1
  9) 8 2 9
     8 1
      1 9
      1 9
```
→
```
      9 2
  9) 8 2 9
     8 1
      1 9
      1 8
        1
```

2)

```
      1 3 6
  5) 6 8 6
     5
     1 8
     1 5
       3 6
       3 0
         6
```
→
```
      1 3 7
  5) 6 8 6
     5
     1 8
     1 5
       3 6
       3 5
         1
```

2

1)

÷4		나머지
406	101	2
643	160	3
877	219	1

÷6		나머지
635	105	5
728	121	2
856	142	4

÷7		나머지
506	72	2
398	56	6
921	131	4

3 규칙을 찾아 빈칸에 알맞은 수를 써넣고 계산을 해 보세요.

1)
$200 \div 9 = 22 \cdots 2$
$290 \div 9 = 32 \cdots 2$
$380 \div 9 = 42 \cdots 2$
$470 \div 9 = 52 \cdots 2$

2)
$613 \div 5 = 122 \cdots 3$
$563 \div 5 = 112 \cdots 3$
$513 \div 5 = 102 \cdots 3$
$463 \div 5 = 92 \cdots 3$

3)
$922 \div 6 = 153 \cdots 4$
$892 \div 6 = 148 \cdots 4$
$862 \div 6 = 143 \cdots 4$
$832 \div 6 = 138 \cdots 4$

4 옳은 식에 ∨표 하고, 잘못된 식은 몫과 나머지를 바르게 고쳐 보세요.

1)
□ $915 \div 7 = \cancel{130 \cdots 4}$ ⟶ $130 \cdots 5$
∨ $431 \div 3 = 143 \cdots 2$
∨ $563 \div 6 = 93 \cdots 5$
□ $179 \div 8 = \cancel{22 \cdots 2}$ ⟶ $22 \cdots 3$

2)
∨ $628 \div 5 = 125 \cdots 3$
□ $302 \div 4 = \cancel{75 \cdots 2}$ ⟶ $75 \cdots 2$
∨ $994 \div 9 = 110 \cdots 4$
□ $446 \div 6 = \cancel{74 \cdots 2}$ ⟶ $74 \cdots 2$

3)
∨ $730 \div 8 = 91 \cdots 2$
□ $505 \div 7 = \cancel{72 \cdots 1}$
□ $407 \div 4 = \cancel{101 \cdots 3}$
∨ $920 \div 7 = 131 \cdots 3$

정답

매스티안 사고력연산 EGG 3-5

EGG 나머지가 있는 (세 자리 수)÷(한 자리 수)

1 알맞은 수를 찾아 같은 색으로 칠해 보세요.

234÷4=58…2
475÷3=158…1
639÷8=79…7
859÷7=122…5
748÷6=124…4
548÷9=60…8

234를 4로 나눈 나머지
475를 3으로 나눈 나머지
859를 7로 나눈 나머지
639를 8로 나눈 나머지
748을 6으로 나눈 나머지
548을 9로 나눈 나머지

2 나머지가 같은 것끼리 선으로 이어 보세요.

267÷5=53…2
309÷8=38…5
187÷4=46…3
472÷6=78…4
655÷9=72…7
454÷8=56…6
243÷7=34…5
194÷8=24…2
591÷8=73…7
218÷5=43…3
328÷7=46…6
976÷9=108…4

3 나머지가 다른 하나에 X표 하세요.

1)
298÷4=74…2
709÷7=101…2
51X÷5=102 (나머지 0)
62X÷3=209…2
207÷2=103…1
624÷7=89…1

2)

3)
819÷8=102…3
927÷4=231…3
52X÷6=88…1

4)
909÷8=113…5
33X÷6=56…3
845÷7=120…5

5 □ 안의 수를 4로 나누고, 알맞은 색으로 칠해 보세요.

225 463 340 809 294
168 366 463 155

| 나머지0 | 나머지1 | 나머지2 | 나머지3 |

4 나머지가 큰 식부터 차례대로 이어 보세요.

762÷6=127 (나머지0)
514÷3=171…1
147÷5=29…2
727÷8=90…7
815÷4=203…3
214÷7=30…4
944÷9=104…8
347÷6=57…5

나머지가 있는 (세 자리 수)÷(한 자리 수)

6 규칙을 찾아 알맞게 색칠해 보세요.

101	102	103	104	105	106	107	108	109	110
111	112	113	114	115	116	117	118	119	120
121	122	123	124	125	126	127	128	129	130
131	132	133	134	135	136	137	138	139	140
141	142	143	144	145	146	147	148	149	150
151	152	153	154	155	156	157	158	159	160
161	162	163	164	165	166	167	168	169	170
171	172	173	174	175	176	177	178	179	180
181	182	183	184	185	186	187	188	189	190
191	192	193	194	195	196	197	198	199	200

나머지가 0인 수
나머지가 1인 수
나머지가 4인 수

7

838÷8=104…6
383÷9=42…5
263÷6=43…5
131÷8=16…3
638÷5=127…3
256÷7=36…4
459÷7=65…4
708÷9=78…6
582÷8=72…6
955÷4=238…3

나머지가 5보다 커요.
나머지가 3보다 크고 6보다 작아요.
나머지가 3이에요.

8 ■ 안에 알맞은 숫자를 써넣으세요.

1)
2 0 2
3) 6 0 7
   6
     7
     6
     1

2)
  1 3 8
4) 5 5 4
    4
    1 5
    1 2
      3 4
      3 2
      2

9 수 카드 2장을 골라 옳은 식을 완성해 보세요.

1) 287÷5 = 57…2

2) 733÷4 = 183…1

10 규직에 맞게 구슬을 꿰고 있어요. 주어진 순서에 꿰어야 할 구슬의 색을 구하고, 그 색을 정해 보세요.

1) 127번째
식 127÷4=31…3 답

2) 502번째
식 502÷3=167…1 답

3) 804번째
식 804÷4=201 답

4) 374번째
식 374÷5=74…4 답

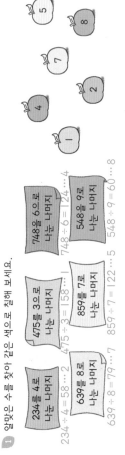
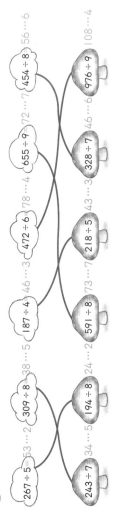
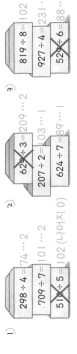
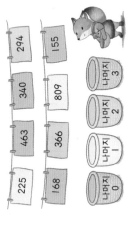
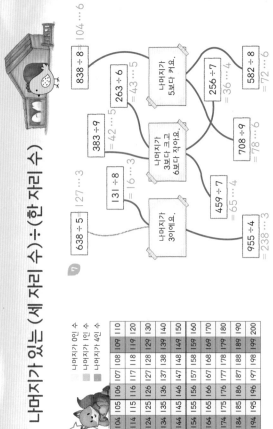
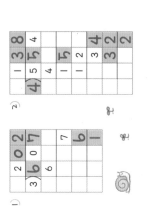

매스티안 사고력연산 EGG 3-5
정답

계산이 맞는지 확인하기

오렌지 26개를 한 봉지에 4개씩 담았더니 6봉지가 되고 2개가 남았어.

오렌지의 수는 4개씩 6묶음과 낱개 17개이니까 4×6=24, 24+1=25로 확인할 수 있어.

1 식에 맞게 묶어서 계산해 보고, 계산 결과가 맞는지 확인해 보세요.

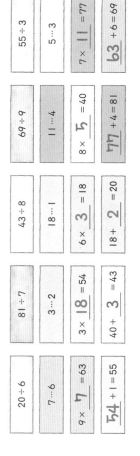

1)
$$32 \div 5 = 6 \ \cdots \ 2$$
확인 $5 \times 6 = 30$, $30 + 2 = 32$

2)
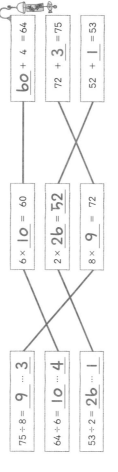
$$47 \div 7 = 6 \ \cdots \ 5$$
확인 $7 \times 6 = 42$, $42 + 5 = 47$

나누는 수와 몫의 곱에 나머지를 더하면 나누어지는 수가 되어야 합니다. *묶는 방법은 여러 가지가 있습니다.

2 계산해 보고 계산 결과가 맞는지 확인해 보세요.

1) $26 \div 6$ 몫 4 나머지 2
확인 $6 \times 4 = 24$, $24 + 2 = 26$

2) $19 \div 2$ 몫 9 나머지 1
확인 $2 \times 9 = 18$, $18 + 1 = 19$

3) $34 \div 7$ 몫 4 나머지 6
확인 $7 \times 4 = 28$, $28 + 6 = 34$

3
1) $23 \div 3 = 7 \ \cdots \ 2$ 확인 $3 \times 7 = 21$, $21 + 2 = 23$
2) $33 \div 9 = 3 \ \cdots \ 6$ 확인 $9 \times 3 = 27$, $27 + 6 = 33$
3) $49 \div 6 = 8 \ \cdots \ 1$ 확인 $6 \times 8 = 48$, $48 + 1 = 49$
4) $58 \div 4 = 14 \ \cdots \ 2$ 확인 $4 \times 14 = 56$, $56 + 2 = 58$
5) $84 \div 5 = 16 \ \cdots \ 4$ 확인 $5 \times 16 = 80$, $80 + 4 = 84$

계산이 맞는지 확인하기

4 관계있는 것끼리 같은 색으로 칠하고, 빈칸에 알맞은 수를 써 보세요.

$20 \div 6$	$81 \div 7$	$69 \div 9$
$7 \cdots 6$	$3 \cdots 2$	$11 \cdots 4$
	$43 \div 8$	$55 \div 3$
	$18 \cdots 1$	$5 \cdots 3$

$9 \times 7 = 63$ $3 \times 18 = 54$
$6 \times 3 = 18$ $8 \times 5 = 40$
$7 \times 11 = 77$

$54 + 1 = 55$ $40 + 3 = 43$ $18 + 2 = 20$
$77 + 4 = 81$ $63 + 6 = 69$

5 관계있는 것끼리 선으로 잇고 빈칸에 알맞은 수를 써넣으세요.

$75 \div 8 = 9 \ \cdots \ 3$
$64 \div 6 = 10 \ \cdots \ 4$
$53 \div 2 = 26 \ \cdots \ 1$

$6 \times 10 = 60$
$2 \times 26 = 52$
$8 \times 9 = 72$

$60 + 4 = 64$
$72 + 3 = 75$
$52 + 1 = 53$

6 계산 결과가 맞는지 확인해 보고 옳은 식에 ✓표 하세요.

✓ $32 \div 5 = 6 \ \cdots \ 2$
확인 $5 \times 6 = 30$, $30 + 2 = 32$

$59 \div 8 = 7 \ \cdots \ 1$
확인 $8 \times 7 = 56$, $56 + 1 = 57$

$96 \div 7 = 13 \ \cdots \ 5$ ✓
확인 $7 \times 13 = 91$, $91 + 5 = 96$

7 어떤 나눗셈식을 계산하고 계산한 결과가 맞는지 확인한 식이에요. 계산한 나눗셈식을 구해 보세요.

1) $5 \times 17 = 85$, $85 + 4 = 89$
식 $89 \div 5 = 17 \ \cdots \ 4$
몫 17 나머지 4

2) $4 \times 31 = 124$, $124 + 2 = 126$
식 $126 \div 4 = 31 \ \cdots \ 2$
몫 31 나머지 2

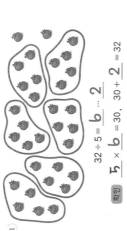

매스티안 사고력연산 EGG 3-5

나눗셈의 활용

1) 세 테이프를 4명이 23 cm씩 나누어 가졌더니 3 cm가 남았어요.
   처음에 있던 세 테이프는 몇 cm일까요?
   식 □÷4=23···3, 4×23=92, 92+3=95
   답 95 cm

2) 동화책을 매일 19쪽씩 일주일 동안 읽었더니 2쪽이 남았어요.
   동화책은 모두 몇 쪽일까요?
   식 □÷7=19···2, 7×19=133, 133+2=135
   답 135 쪽

2 친구들이 가지고 있는 수를 찾아 O표 하세요.

1) 내가 가지고 있는 수를 6으로 나누면 몫은 8이고, 나머지는 6이에요.
   8×6=48, 48+5=53
   48 (53) 59

2) 내가 가지고 있는 수를 9로 나누면 몫은 4이고, 나머지는 10이에요.
   9×4=36, 36+1=37
   (37) 45 46

3) 내가 가지고 있는 수를 6로 나누면 몫은 320이고, 나머지는 3이에요.
   □÷5=32···3
   5×32=160, 160+3=163
   157 160 (163)

3 빈칸에 알맞은 수를 써넣으세요.

1) 17 ÷5=3···2
2) 73 ÷3=24···1
3) 57 ÷6=9···3
4) 63 ÷4=15···3
5) 248÷9=27···5
6) 629÷2=314···1
7) 396÷8=49···4
8) 727÷7=103···6
9) 684÷5=136···4

4 어떤 수를 구해 보세요.

1) 어떤 수를 4로 나누었더니 몫이 16, 나머지가 2이 되었어요.
   65
   □÷4=16···1
   4×16=64
   64+1=65

2) 어떤 수를 7로 나누었더니 몫이 34, 나머지가 5가 되었어요.
   243
   □÷7=34···5
   7×34=238
   238+5=243

3) 어떤 수를 3으로 나누었더니 몫이 142, 나머지가 2가 되었어요.
   428
   □÷3=142···2
   3×142=426
   426+2=428

나눗셈의 활용

5 □ 안의 식은 나머지가 모두 같아요. 계산을 하고 나머지가 같은 나눗셈식 하나를 더 만들어 보세요.

23÷5=4···3   14÷5=2···4   31÷5=6···1
33÷5=6···3   24÷5=4···4   41÷5=8···1
43÷5=8···3   44÷5=8···4   51÷5=10···1
              54÷5=10···4

22÷5=4···2
42÷5=8···2
52÷5=10···2

* 제시된 답 외에도 여러 가지 답이 있습니다.

6 수 카드를 한 번씩 사용하여 옳은 식을 모두 완성해 보세요.

1) 106 3   7 26
   311÷7 = 44 ··· 3
   106÷4 = 26 ··· 2

2) 5   69 117 6
   69÷5 = 13 ···4
   704÷6 = 117···2

7 □ 안의 수가 나머지가 되는 서로 다른 나눗셈식을 만들어 보세요.

* 제시된 답 외에도 여러 가지 답이 있습니다.

1) 5   4 5÷8   8 5÷8
       8 0 5÷8   8 8 5÷8

2) 2   4 2÷8   8 2÷8
       8 0 2÷8   4 0 2÷8
       8 8 2÷8   7 4÷8

8 같은 모양은 같은 수를 나타내요. 각 모양이 나타내는 수를 구해 보세요.

1) ◆÷5=□   72÷3=●   □÷4=■
   ◆×6=288   ★×7=●   ■×8=184
   240   168   23
   ◆ 48   ★ 24   ★ 92

4) 63÷3=◆   □÷7=24···□   280
   73÷14=◆   3×□=●   ▲÷6=46···4
   5   57   8×□=▲
   ◆ 5   ● 35   ♦ 35

정답

매스티안 사고력연산 EGG 3-5

EGG 나눗셈의 활용

1 같은 물건은 같은 수를 나타내요. 자물 양쪽의 수가 같을 때 각 물건이 나타내는 수를 구해 보세요.

290 ÷ 5 = 58

책 **58**

58 × 3 = 174
174 ÷ 2 = 87

87

58 × 6 = 348
87 × 2 = 174
348 + 174 = 522
522 ÷ 3 = 174

174

2 주어진 수를 한 번씩 사용하여 퍼즐을 완성해 보세요.

1)
3 × 360 ÷ 4 = 90
360 4 3 120
4 120 90 3

2)
87 ÷ 3 = 29
75 3 25
87 3 25 75
29

3)
42 × 2 = 84
3 = = 43
14 + 27 = 41
14 42 27 84 3 43 41

3
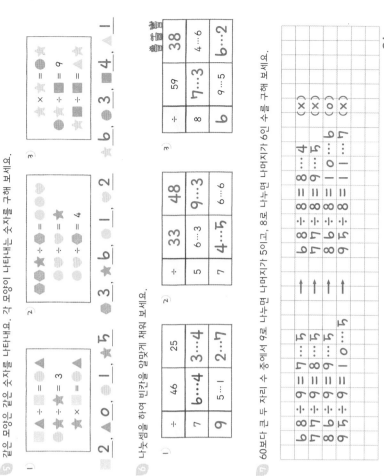

나눗셈의 활용

4 ♥은 일정한 규칙을 가지고 있어요. 규칙을 찾아 계산해 보세요.

나눗셈과 관계있는 규칙이야!

52 ♥ 3 = 171
78 ♥ 5 = 153
164 ♥ 8 = 204
332 ♥ 7 = 473

1) ♥은 어떤 규칙을 가지고 있나요?
첫 번째 수를 두 번째 수로 나눈 **몫**과 나머지를 차례대로 써요.

2) 규칙에 따라 계산해 보세요.

407 ♥ 7 = **581**
407 ÷ 7 = 58 ··· 1

512 ♥ 5 = **1022**
512 ÷ 5 = 102 ··· 2

273 ♥ 6 = **453**
273 ÷ 6 = 45 ··· 3

5 같은 모양은 같은 숫자를 나타내요. 각 모양이 나타내는 숫자를 구해 보세요.

1)
▲ ÷ ▲ = 1
★ ÷ ★ = 3
★ × ● = 4

2 , ▲ 0 , 1 , ★ 5

2)
★ × ■ = ■
■ ÷ ● = 9
▲ ÷ ■ = 4

★ 6 , 3 , 4 , 1

6 나눗셈을 하여 빈칸을 알맞게 채워 보세요.

1)

÷	46	25
7	6 ··· 4	3 ··· 4
9	5 ··· 1	2 ··· 7

2)

÷	33	48
5	6 ··· 3	9 ··· 3
7	4 ··· 5	6 ··· 6

3)

÷	59	38
8	7 ··· 3	4 ··· 6
9	6 ··· 5	4 ··· 2

7 60보다 크고 두 자리 수 중에서 9로 나누면 나머지가 5이고, 8로 나누면 나머지가 6인 수를 구해 보세요.

68 ÷ 9 = 7 ··· 5	68 ÷ 8 = 8 ··· 4	(×)
77 ÷ 9 = 8 ··· 5	77 ÷ 8 = 9 ··· 5	(×)
86 ÷ 9 = 9 ··· 5	86 ÷ 8 = 10 ··· 6	(○)
95 ÷ 9 = 10 ··· 5	95 ÷ 8 = 11 ··· 7	(×)

86

나눗셈의 활용

4 숫자 카드 3장으로 만들 수 있는 세 자리 수를 모두 찾아 3으로 나눈 다음, 세 자리 수의 각 자리 숫자의 합을 □ 안에 써넣고 물음에 답하세요.

1) [1][2][3] → [6]
123÷3 = 41
132÷3 = 44
213÷3 = 71
231÷3 = 77
312÷3 = 104
321÷3 = 107

2) [1][4][5] → [10]
145÷3=48···1
154÷3=51···1
415÷3=138···1
451÷3=150···1
514÷3=171···1
541÷3=180···1

3) [2][6][7] → [15]
267÷3=89
276÷3=92
627÷3=209
672÷3=224
726÷3=242
762÷3=254

4) [2][3][9] → [14]
239÷3=79···2
293÷3=97···2
329÷3=109···2
392÷3=130···2
923÷3=307···2
932÷3=310···2

4-1) ~ 나에서 3으로 나누었을 때 나누어떨어지는 세 자리 수의 각 자리 숫자의 합은 얼마인가요? 6, 15

6 안의 수를 3으로 나누었을 때 나누어떨어지는 수를 찾아 ○표 하고, 각 자리 숫자의 합을 구해 보세요.

(201) (435) 511 (648) 552 742 122 (972) (234) 419

7 3으로 나누어떨어지는 수는 어떤 규칙을 가지고 있나요?

201 → 2+0+1=3,   435 → 4+3+5=12,   648 → 6+4+8=18,
552 → 5+5+2=12,   972 → 9+7+2=18,   234 → 2+3+4=9

↑ 3으로 나누어떨어지는 수의 각 자리 숫자의 합은 3 으로 나누어떨어집니다.

8 숫자 카드 3장으로 만든 세 자리 수를 3으로 나누었을 때 모두 나누어떨어지도록 숫자를 써넣어 보세요.

[1][3][5]   [5][9][7]   [7][8][3]

[6][4][2]

* 제시된 답 외에도 여러 답이 있습니다.

5 안의 수를 3으로 나누었을 때 나누어떨어지는 수를 모두 찾아 색칠해 보세요.

1) (143) 725 2 50 406 63 87 1 72
342 210 98 37 210 95 735 910 163
405 124 215 5 53 573
207 435 285 49

정답

매스티안 사고력연산 EGG 3-5

EGG 나눗셈의 활용

1-1) 안의 수 중에서 2로 나누어떨어지는 수를 모두 찾아 ○표 하고, 2로 나누어떨어지는 수의 규칙을 써 보세요.

2 15 (74) (90) 113 (258) (430) 509 (648) 721 (976)

↑ 2로 나누어떨어지는 수의 일의 자리 숫자는 0, 2, 4, 6, 8 이에요.

2) 안의 수 중에서 5로 나누어떨어지는 수를 모두 찾아 ○표 하고, 5로 나누어떨어지는 수의 규칙을 써 보세요.

67 (120) (145) 134 201 (320) 416 578 (645) (750) 812

↑ 5로 나누어떨어지는 수의 일의 자리 숫자는 0, 5 예요.

2 2로 나누어떨어지는 수에 ○표, 5로 나누어떨어지는 수에 △표 하세요.

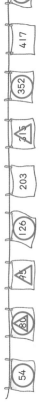

3 규칙에 맞게 구슬을 꿰어요. 꿰어진 구슬을 보고 물음에 답하세요.

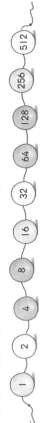

1) ○ 안의 수들은 어떤 규칙으로 꿰어져 있나요?
구슬에 적힌 수는 왼쪽 수의 2배예요.

2) 구슬의 수를 512부터 거꾸로 놓아 2, 4, 8로 각각 나누어 보세요.

	512	256	128	64	32	16	8	4	2	1
÷2	256	128	64	32	16	8	4	2	1	
÷4	128	64	32	16	8	4	2	1		
÷8	64	32	16	8	4	2	1			

3) 에서 알 수 있는 사실을 써 보세요.
어떤 수를 2, 4, 8로 나눈 몫이 적힌 구슬은 어떤 수가 적힌 구슬과 차례대로 연결되어 있어요.
나누는 수가 2배가 되면 몫은 반이 돼요.

2, 4, 8로 나눠 몫의 하나를 구슬에서 각각 찾아봐.